―定年後に
―待っていた
―猫ライフ

親父と

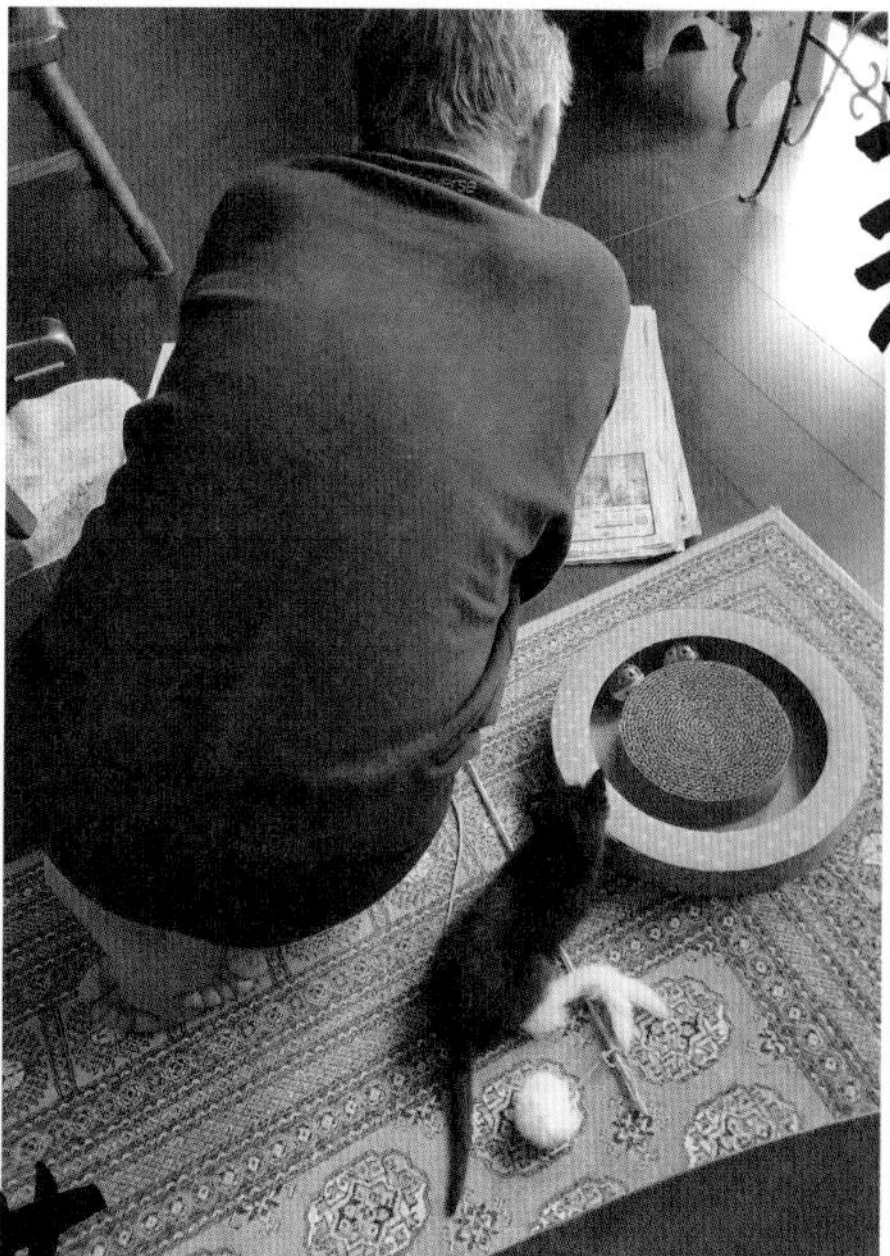

猫

Turi【著】

ハーパーコリンズ・ジャパン

はじめに

その日、1枚の写真が母から送られてきた。

写真のなかには、新聞を読む親父《おやじ》。その背中に、ちょこんと小さな黒猫が乗っかっている。

ほほえましい姿に、僕はつい笑ってしまった――そもそもうちの親父という人は、一言でいうと「不器用」。

優しいけれど、仕事一筋で真面目。およそ朝から背中に猫を乗せるなんてことを試みる人ではない。

僕は母へすぐに電話をした。「親父、すごい懐かれとるんじゃの」

「最近はいつもこうなんよ」との返事。声の調子から、母もなんだか楽しげなのが伝わってくる。

折しもその春、親父は定年退職というひとつの節目を迎えた。仕事人間で趣味もない親父がどうなってしまうのか、僕だけでなく、家族もとても心配していた。

そんな僕たちの心配を、この1匹の黒猫の存在が見事に吹き飛ばしてくれたのだ。

黒猫の名前は〝るる〟。いまやるるは、わが家にとってアイドルであり、かけがえのない家族だ。

るるは親父の生活にハリをもたらしてくれた。いや、るるがわが家に与えた変化はそんな言葉では表現しつくせない。

だから僕はこの本で、るるが来てからの日々を、そのときに僕が感じたことや家族の反応、何より親父がどんなふうに変わっていったかを、綴《つづ》っていこうと思っている。

――みなさんにも『親父と猫』を、少しでも楽しんでもらえたら嬉《うれ》しいです。

CONTENTS

親父とるるの出会い

この物語を始めるにあたって、まず、僕が知っている〝親父という人〟について話しておきたいと思う。

僕が物心ついてからというもの、親父といえば仕事人間というイメージがある。わが家は兄、僕、妹、弟の４人きょうだいだ。それだけ子どもがいると当然家のなかはにぎやかで、きょうだい喧嘩《げんか》も絶えなかったけど、笑いも絶えなかった。一方、親父はあまりおしゃべりなほうではなく、親父の口から冗談などもほとんど聞いたことがない。

ときに厳しく、だけど基本は優しい、不器用な人だ。特に趣味もなく、仕事一筋で生きてきた。

その親父が、この春、定年退職を迎える――僕たちきょうだいは、仕事を離れた親父がどうなってしまうのか、とても心配していた。僕をはじめ、妹以外は大学入学を機に地元を離れて、兄は京都、僕と弟は東京で就職したため、今実家にいるのは親父と母と妹の3人だけ。家族としてもずいぶん寂しくなってしまった。

「最近、お父さんが元気なくてね」

定年退職の日が近づくにつれ、母からそんな言葉が出るようになった。親父にしては珍しく、「仕事を辞めると寂しい」とこぼすこともあった。親父なりに、やはり仕事がない日々が想像できないのではないか――。

家族がそんな心配をしているなか、ある事件が起こった。

そう、親父とるるが出会ったのだ。

親父とるるの出会い

その日、親父はなじみのお弁当屋さんへとバイクで向かっていた。昼休みにその店でお弁当を買うことが、親父の楽しみのひとつだった。

今日はなんの弁当にしよう、サバ弁当にしようか——そんなことをのんびり考えながら注文の列に並んでいると、数十メートル離れた車道で、何やら黒いかたまりがふたつ、動いていた。

よく見てみるとそれは、1匹の黒い子猫と1羽のカラスだった。

子猫とカラスといえば天敵……のイメージだけど、そのカラスは意地悪をする様子もなく、むしろ、車道にいて危ない子猫を安全な歩道のほうへと誘導してあげているように見えたという。

元来動物好きな親父は、珍しくてほほえましいその光景にすっかり目を奪われてしまったそうだ。

だがその矢先、別のカラスが1羽飛んできた――このカラスは、子猫の面倒を見ていたカラスと違って、子猫と仲良くする気はなかったようだ。子猫をつつきはじめたのだ。

（こりゃいけん！）

それまで子猫とカラスの様子を見守っていた親父はいてもたってもいられず、並んでいた列から離れ、バイクで駆けつけた。バイクに驚いたのか、カラスは2羽とも歩道脇のフェンスへと飛び立った。

「大丈夫か⁉」

しゃがんで子猫の様子をよく見ると、まだ生まれたばかりと思われるほど小さく、一目でわかるほど衰弱していた。カラスもまだ近くにとどまって子猫を狙っているようだし、このままここに置いておくわけにはいかない。

親父はバイクの荷台のボックスに子猫を入れ、ひとまず会社に戻ることにした。

（だけど、どうしよう。うちには連れて帰れんしのう……）

そのとき親父が思い浮かべていたのは、母のことだった。先代の猫を亡くしたとき、母はひどく悲しんで、「もう動物とは暮らせない」とかねがね言っていたのだ。

そんな母の様子を覚えていた親父は、子猫の身の振り方をどうしたらいいか途方にくれていた。

（まずは何か食べさせないと）

とりあえず会社に向かった親父は、猫用の餌を急いで購入して与えたそうだ——この話をのちに聞いたとき、〝不器用な親父が見せた行動力〟に僕は驚いてしまった。

だけど、あいにく子猫は口をつけようともしない。

その日、親父は午後から取引先を回る予定が入っていた。子猫を会社にいる同僚たちにお願いして親父がとった行動はというと、無謀というか不器用な親父らしいというか……取引先の人たちに〝子猫を飼ってもらえないか〟と必死に交渉したらしい。

普段からお付き合いを重ねてきていた取引先も、親父の唐突なお願いにさぞかし驚いたことだろう。残念ながら、取引先の人たちの家にはすでに犬や猫がいて、新たに子猫を迎えるのは難しかった。

意気消沈した親父だったが、とにかく子猫が気がかりだった。会社に帰ってオフィスのドアを開けると、同僚が段ボールで子猫の寝床を作って待ってくれていた。

「子猫ちゃん、元気いっぱいというわけではないですが、大丈夫でしたよ！　でもやっぱりごはんは食べなくて……。ところで引き取り手は見つかりました？」

代わる代わる子猫の様子を見てくれていた同僚たちも、子猫の身の振り方が心配なようだ。

しかもその日は金曜日で、翌日は会社が休み。どうにかして帰る場所を見つけなければいけない。

思わず「わしが連れて帰ろう」と口にした親父に、同僚もホッとした様子で「それなら車で送っていきますよ」と申し出てくれた。

（さて、どうしようか）

親父の頭のなかは、どうやって母を説得しようか、それだけでいっぱいになっていた。

親父、母の猛反対に遭う

運命的な出会いをした親父とるる。実は、親父は取引先に引き取ってもらえないか交渉する前に、まずは母に電話をしていた。

「もしもし、お母さん？」

仕事中の突然の電話に、母も（何かあったのでは……）と不安になったようだ。

「何、どうかしたの？」と、心配そうな声で母が尋ねた。

「いやぁ、今、子猫がカラスに狙われとったのを助けたんよ。これも何かの縁じゃけぇ……うちで世話してやれんかのぅ」

怪我《けが》や事故といった悪いニュースでなく安心する一方、かねてから〝もう動物とは暮らさない〟と約束をしていたのに……と、母はずいぶん驚いたそうだ。そして、ぴしゃりと言った。

「だめよ、何考えとるん」

（やっぱりダメかあ）

電話を切りながら、子猫と目を合わせて途方にくれる親父だった。

すげなく反対した母だが、もちろん葛藤はあったはずだと思う。なんせわが家はもともと、僕が物心ついたときから常に動物がいる家庭。みんな動物が大好きだった。

僕と同じ年に近所で生まれた雑種犬のボスは、親父が決断して引き取ってきたらしい。元気な男の子で、僕とボスは一緒に大きくなったようなものだ。

ボスの次にわが家にやってきたのは、リリーという女の子の猫。雨のなか、近所の空き地で鳴いていたところを、僕と兄が見つけた。すぐに親父に話したら〝助けよう〟ということになり、兄が急いで引き取りに行った。一緒にいたリリーのきょうだい2匹は残念ながらすでに亡くなっていて、リリーもひどく衰弱していたけれど、幸い元気になってくれて、その後21歳まで生きた。

それから、僕がひときわ仲がよかった、ルナというハスキー犬。親戚の家に生まれて、引き取り手がなかったところ、こちらも親父の鶴の一声でわが家に迎えることになった。

動物たちは僕たち家族に、いつだって幸せな時間をくれた。それだけに、避けられない別れのときの悲しみも、大きかった。

母は特に、リリーが亡くなったときに深い悲しみにくれた。何しろ21年ものあいだ、毎日一緒にいたのだ。ある意味、家を出てひとりだちしていった子どもたちよりも、そばで過ごした時間は長かったかもしれない。

それに、情深くて面倒見のいい母は、家族の誰よりも動物たちの世話をよくした。一方で、いつでも動物を家に迎えるきっかけは親父だったけれど、仕事が忙しくて家に帰るのが遅かったせいもあり、当の親父と動物たちが過ごす時間は、ほとんどなかった。

話を、るるを保護した日に戻そう。

母は僕たちきょうだいとつながっている家族のLINEグループで、さっそく親父から〝子猫を保護したから飼おう〟と電話があったことを報告してくれた。そんなこと簡単に言って……と、だいぶ呆《あき》れている様子だった。

僕は、すぐさま「反対」の声をあげた。悲しい思いをもうしたくないという母の気持ちを思ってもあるけれど、親父と母の年齢を考えると、体力的にも心配だった。

さらに言うと、親父がリタイアしたあとに、夫婦二人でのんびり旅行するのもいいなと思っていたのだ。動物がいると、なかなか気軽に出かけることもできなくなる。

親父がなんとか思いとどまってくれるといいけど、そうなると子猫の引き取り手をどうするか。いざとなったら、もらい手を探すのを手伝わないと——。

僕がそんなことを考えているあいだ、すでに親父はるるを連れて、家に向かっていたのだった。

「ただいま」

親父の声で玄関に向かった母。そこには、子猫の入った段ボールを抱えて立ちつくす親父がいた。

びっくりしている母を前にして、親父は言い訳じみたことを繰り出した。引き取り手を必死で探したんじゃけど見つからんくてのう……明日は会社が休みじゃけえ置いておくわけにもいけんじゃろう……。

そう言いながら、段ボールを床にひとまず置いた。

呆れるとともに前のめりに母は、段ボールのなかをのぞきこんだ。そこには、黒くて小さな子猫がちんまりとうずくまっていた。

毛並みはぼさぼさで、痩せていて、衰弱している。

でも、懸命に生きようとしている——。

その姿を見た瞬間、母の気持ちは180度変わったらしい。

子猫をそっと撫《な》でてやったあと、「……子猫用のミルクを買わんとね」と優しくつぶやいた。

家族として受け入れようという母のその発言に、親父もさぞかし驚いたんじゃないだろうか。

いや、そこは長年連れ添った夫婦だけに、〝お母さんならきっと受け入れてくれる〟という確信が、もしかしたら親父にはあったのかもしれない。


そんなことになっているとはつゆ知らず、子猫がどうなったか心配だった僕は、仕事が一段落ついたところで母に電話をかけた。

「もしもし、僕だけど。子猫の引き取り手は見つかったん？」

僕の問いかけに母は「うん」と嬉しそうに答えた。

「え、ほぉなん!?　ずいぶん早く見つかったんじゃやね」

「うちじゃけぇね」

親父、母の猛反対に遭う

「え？」と戸惑う僕に対して、「うちで一緒に暮らすことにしたんよ」と母。

ちょっと待って——お母さんが無理だって言うから反対したのに……。

悪者役を買って出たということもあり、やや納得いかない気持ちにも一瞬なったけど、電話越しにも母の嬉しそうな様子が伝わってきた瞬間、僕の気持ちも180度変わった。

僕たちきょうだいは4人もいるんだから、いざとなればどうとでもなる。サポート体制は整っている。

こうして一波乱を越え、るるはわが家に最大の愛をもってして迎え入れられたのだった。

母も大切そうに抱っこ。

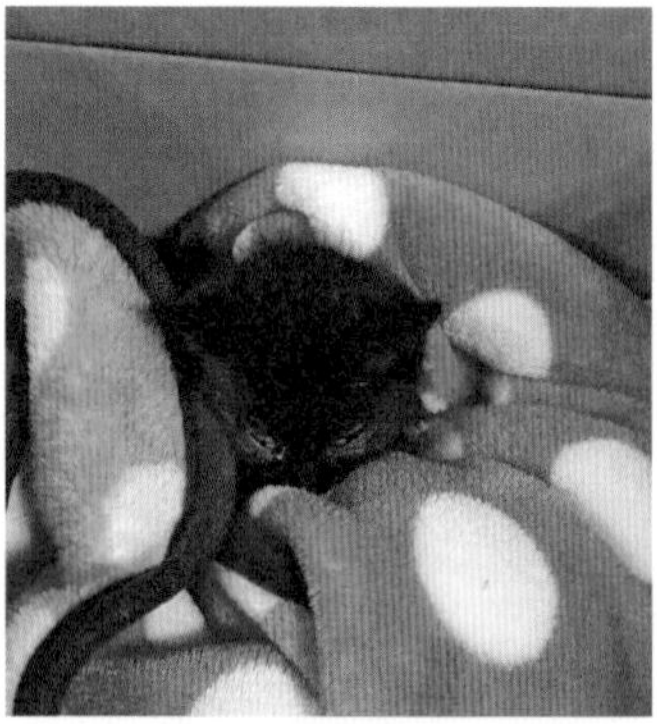

親父が会社で作ってもらった
子猫の寝床。

お家２日目。親父と添い寝。

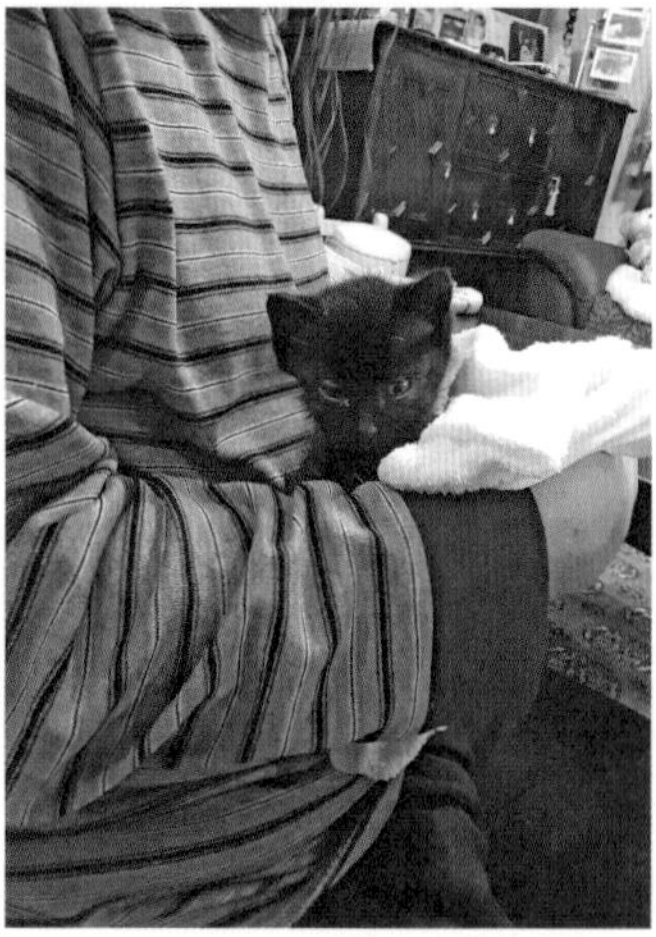

子猫が家に来た。

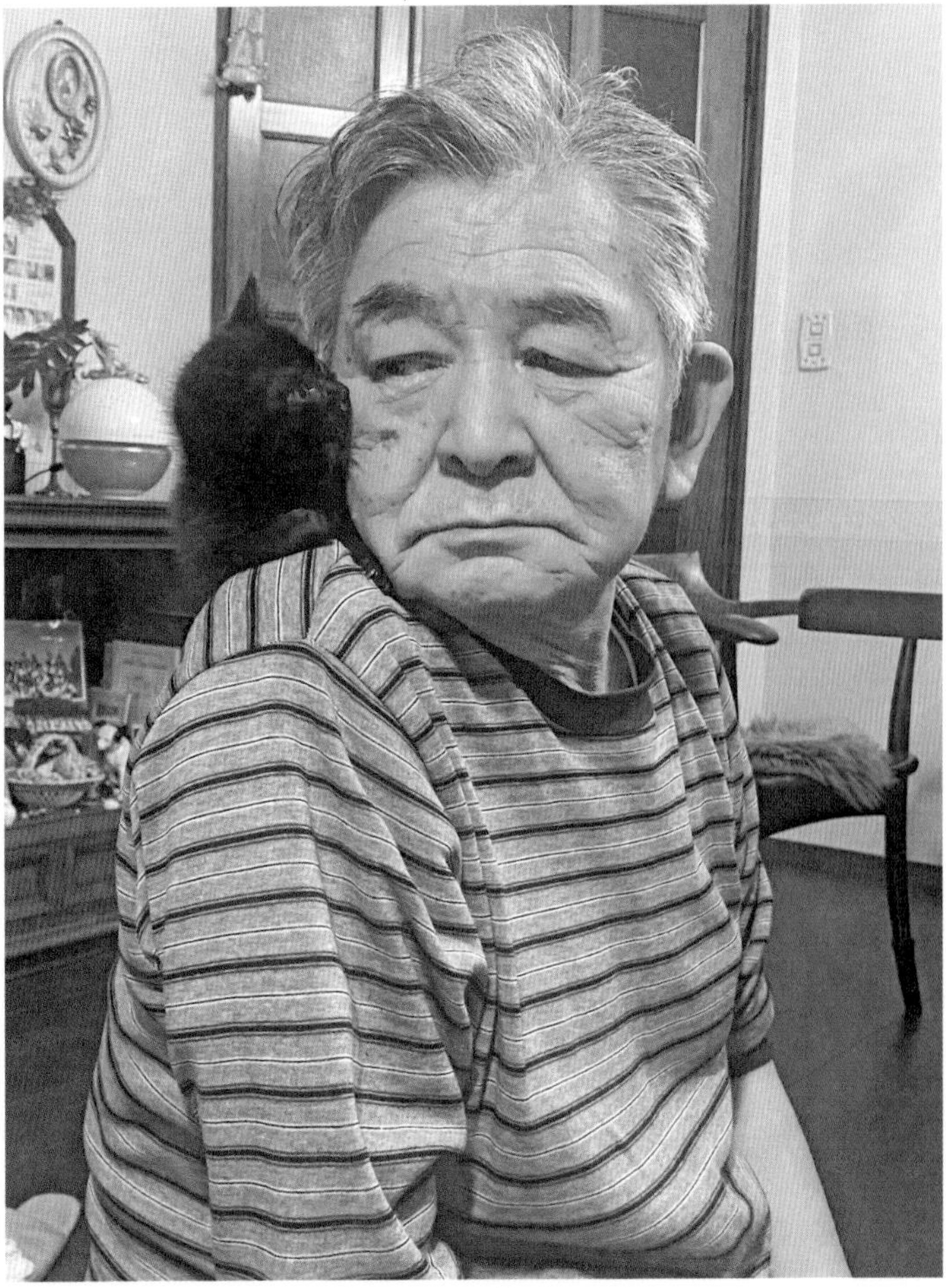

親父と子猫。

妹の腕のなかでぬくぬく。

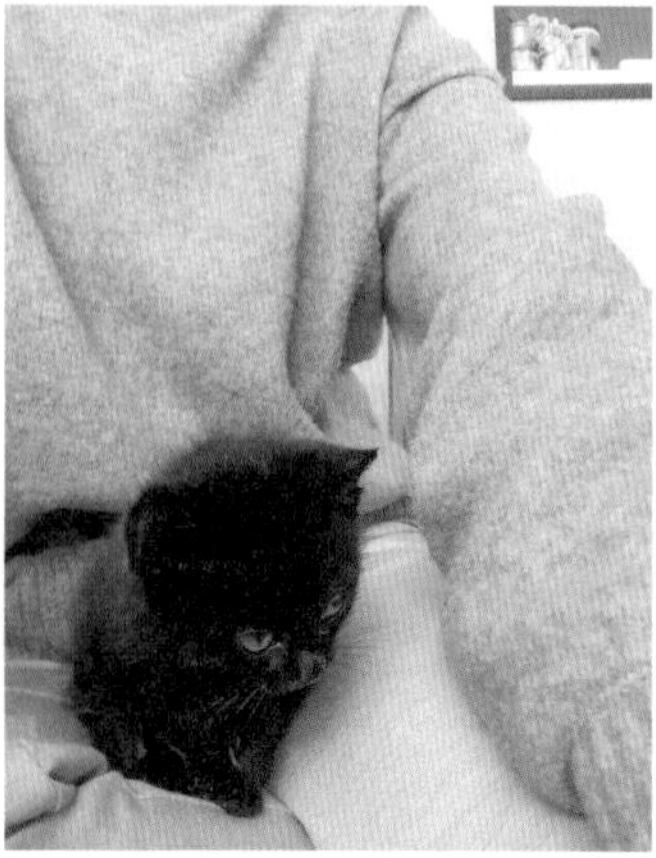

お母さんの膝に乗って。

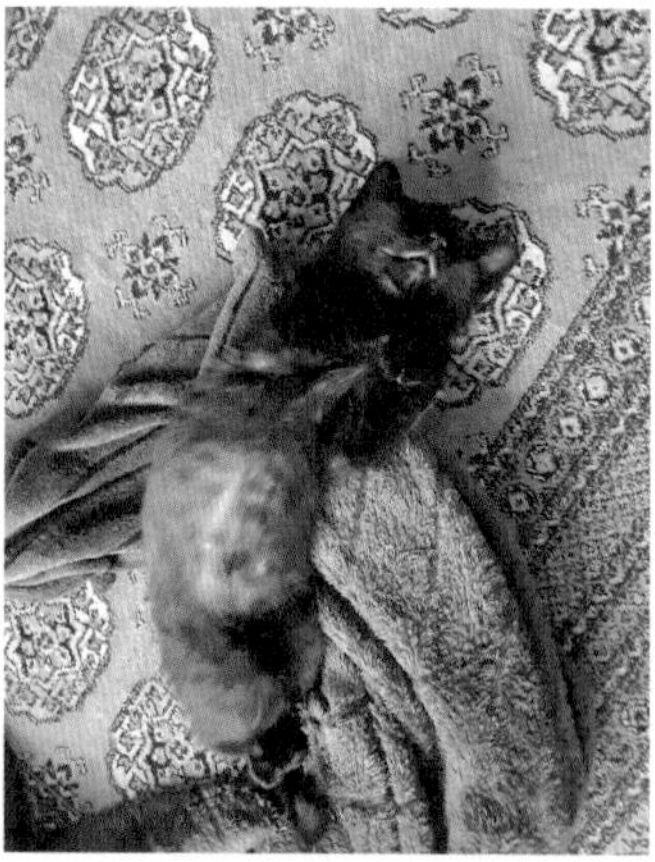

おなかを出してくつろぎ中。

先代犬のボス。

ハスキー犬のルナ。

先代猫のリリー。

寝ている親父に乗っかる子猫。

子猫、病院へ行く

家族として迎え入れたその夜、子猫は赤ちゃん猫用のミルクを喜んで飲んだものの、排泄《はいせつ》がなかった。これまで野良で過ごしてきたであろう子猫の体調が、僕たちみんなとても心配だった。

翌日、母は真っ先に、獣医さんに子猫を診てもらうことにした。

先代猫のリリーが使っていたペットキャリーに入れて、いざ近所の動物病院へ。診察台にのせられた子猫は、大丈夫かとハラハラする母をよそ目に、嫌がることなく診察を受け入れていたらしい。

「かなり衰弱していますね」

ひととおり子猫の身体を調べ、先生が母に告げた。昨日保護されていなかったら、今ごろ亡くなっていたかもしれないね、と。

ただ、お通じがない理由は今のところわからず。ひとまず家で様子を見ることになり、その日の診察は終了となった。

とりあえず直ちにどうかなる病気ではないと判明したので、安心する母。その報告を聞いた親父も喜んだ。

「よかったよかった。まずは一安心じゃの」

「そうね、あとはお通じがあるといいんじゃけどねぇ……」と、母はまだ気を抜いていなかった。

それは母の勘というやつだったのか。その夜、子猫にまた心配な症状が起きた。

深夜1時ごろにやっとお通じがあったと思いきや、今度はゆるゆるで、しかもそれがひっきりなしだった。明らかにおなかを下しているようだ。ただ、下痢をしている以外は、朝になるとミルクも飲むし、元気もあった。

🐾

翌朝早々、子猫を連れてふたたび病院に行った母に先生が告げた。

「やはり、特に病気というわけではないですね。もう少し様子を見ましょう」

昨日よりもさらに念入りに診療が行われたけれど原因はわからず、おそらく一時的なものだろうということだった。

「赤ちゃんでも飲める整腸剤を出しておきますね。ほかに気になることはありますか？」という先生の質問に、母は〝そういえば〟と気になっていたことを尋ねた。

「昨日お伝えしたとおり拾ったばかりなんですけど、生まれてからどれくらいでしょうか？」

先生は「おそらく生後2週間程度では」と答えた。

🐾

帰宅後、母はさっそく家族のLINEグループでみんなに相談した。

「ちゃんと誕生日を決めてあげたいんじゃけど、どうしよう?」

弟「計算すると、2月22日あたりじゃの」

僕「世間では〝にゃんにゃんにゃん〟で、猫の日として有名らしい」

こうして急遽《きゅうきょ》、家族会議が開かれることとなった。

家族のLINEグループのメンバーは、母、そして僕ら子どもたち4人と、僕の妻と長女の計7人。親父は携帯電話を持っていないため参加していない。

ここ最近の話す内容といえば、母からの近況報告が主だった。次いで、僕の子どもたちと愛犬のちょこちょこの成長記録など。兄や弟はどちらかというと聞き役になるほうが多かった。

それが今回、子猫の誕生日を決めるにあたって、この家族会議でそれぞれが意見を出しあい、かなり活発なやりとりが交わされた。

妻「2月22日って、猫にぴったりの誕生日だけど……」
僕「猫の日は猫みんなの日だし、あえてその日にしなくてもええ気がするよの」
弟「はっきり生まれた日がわかっとるわけじゃないし、別の日がええかもね」
妹「私と同じ2月18日にするのは？」

そんな話しあいのすえ、子猫の誕生日は〝2月18日〟に決定した。ぶじに決まってホッとする僕たち。ところが——。

兄「名前はどうするん？」

兄のその言葉に、みんながはっとした。

生まれて初めてのミルク。

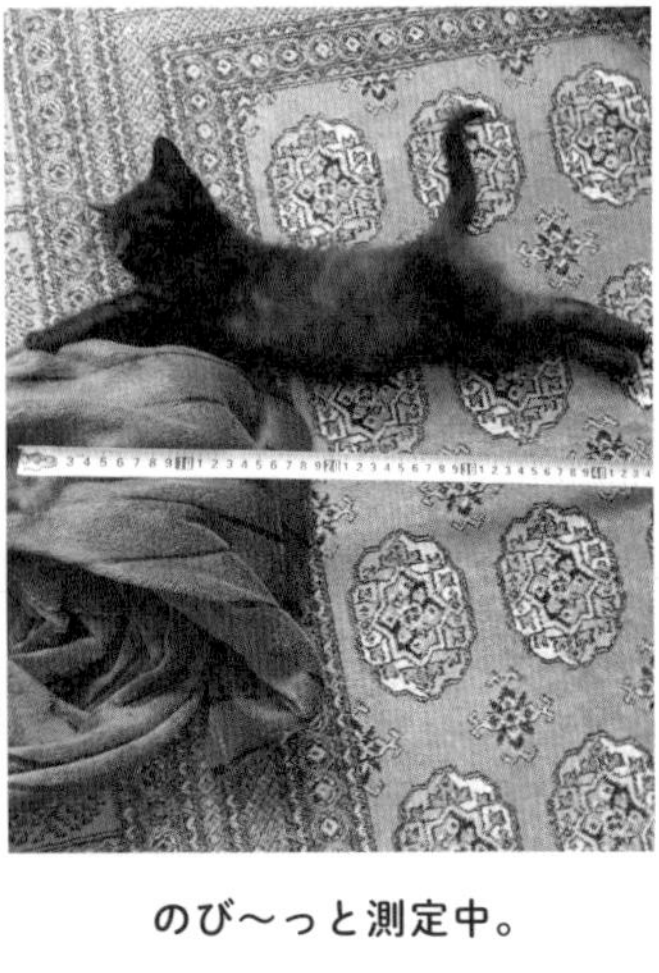

のび〜っと測定中。

箱が大好き。

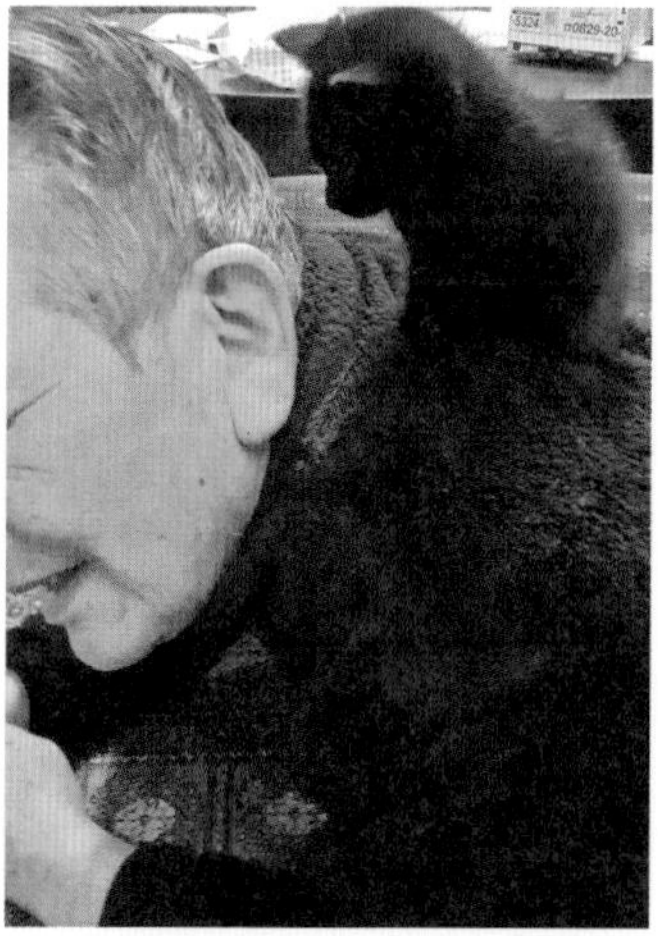

背中に乗ったと思ったら
親父を毛づくろい。

朝からぴったり。

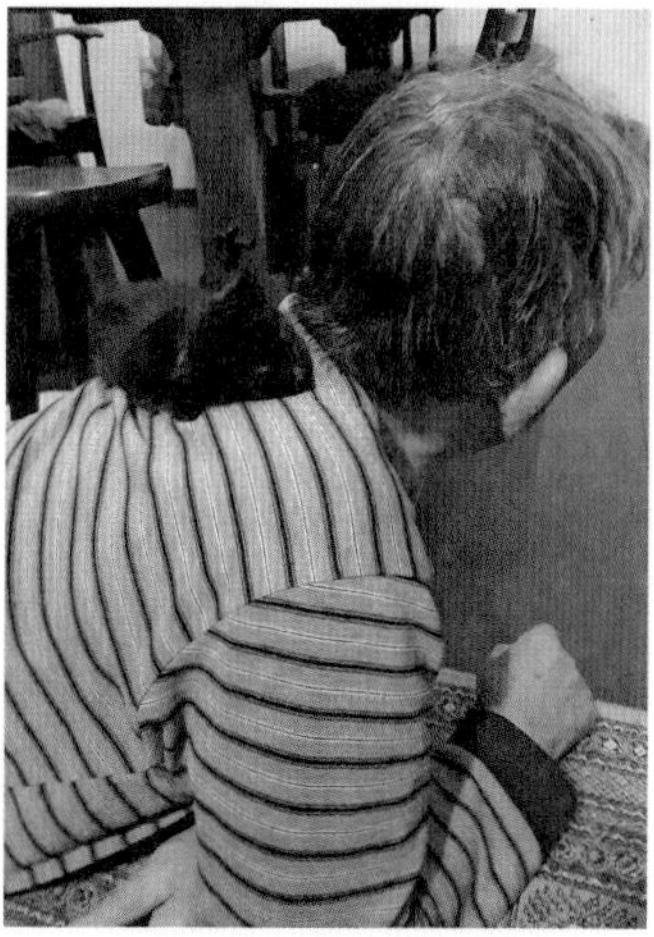

背中で寝ちゃった。

親父に手を添えて。

子猫に名前がついた！

2回目の診察を経て、子猫の体調はかなり落ち着いてきた。そのあいだに、両親の家では着々と、子猫の生活が整えられていった。子猫用のミルクはもちろん、トイレや爪とぎ、それにおもちゃも。

母からは、猫じゃらしのおもちゃを楽しそうにふっている親父と、それにじゃれつく子猫の動画が送られてきた。

「親父に懐いとるんか、なんか不思議じゃの」と僕。

「それにしても早く名前を決めてあげんとねぇ」と母が言う。

何しろ病院の診察券にもまだ名前が書かれていないのだ。最近の家族のLINEグ

ループは、もっぱら子猫の名前の候補出しでにぎわっていた。

ひな、あんこ、あずき、くろ、ちょこ、みこ、すず、あんみつ、くろまめ、るる……。

生まれてまだ2週間前後。手のひらにすっぽり収まるようなサイズ。それに何より、どこに顔があるのかわからなくなるほど、真っ黒な姿――。そこから思い浮かぶような名前がいろいろと挙がったが、なかなか決めきれない……。

いつのまにか話は、以前一緒に暮らしていた先代猫の名前の由来へとそれていった。

リリーと名づけたのは母だった。当時、僕ら家族はみんなでよく映画『男はつらいよ』を観《み》ていた。野良猫だったリリーは決まった宿を持っていない――そんなところが母には、フーテンの寅《とら》さんを思わせたという。もしリリーが男の子だったら〝トラ〟にするつもりだったらしいけど、リリーは女の子だったから、浅丘ルリ子さんが演じるヒロインの名前からとったのだ。

――と、そこで母がひらめいた。

「あっ‼　リリーの次に来た子だから、らりる……るる。やっぱり〝るる〟がいいんじゃない？」

妻「たしかに！」

妹「なんだか薬みたいな名前じゃない？」

僕「いや、子猫が来てから親父よく笑っとるし、家族みんなに元気をくれとるけぇ、むしろぴったりじゃろう」

家族のＬＩＮＥグループが一気に盛りあがった。みんな異論はない。

満場一致で子猫の名前は〝るる〟に決定した。

そんなふうにして、るるがやってきて1週間がたった。るるはといえば、すっかり元気だ。このころになると、もう自分のごはんの時間がわかるようになっていた。

母がキッチンに立ち、ぬるま湯を用意して、赤ちゃん猫用のミルクを溶かす。その音が聞こえると、るるは遊んでいてもピタッとやめる。

リビングでソワソワしながら、でも、お行儀よく待つ。

「るる、お待たせ」と母がミルクを差し出すと、勢いよく飲む姿が心強い。おなかを下すこともなくなった。

もう大丈夫だ。るるは小さい身体で、命の危機を乗り切ったんだ。

るるの回復を、僕たち家族はみんなで喜んだ。

るる愛用の猫じゃらし。

お世話疲れな親父と
遊び疲れなるる。

大切そうに抱っこする親父。

るるを見守る親父。

「遊ぶの大好き!」

てくてく。

親父に懐くるる

子猫の目がよく見えるようになるのは時間がかかるらしい——。るるも、親父に拾われたときには、まだきっとよく見えてはいなかったに違いない。

でも、るるは家に来たときから、親父のことをちゃんと認識していて、親父によく懐いた。

一方、親父の反応は——。

「お父さん、嬉しいみたい」母が家族のＬＩＮＥグループで教えてくれた。

前の章で書いたとおり、わが家にはいつも動物がいた。動物たちを迎えるきっかけを作ったり決断をしたりするのはいつも親父。〝家で世話しよう〟〝うちで引き取ってもいいんじゃないか〟――そんな親父の一言で、歴代の動物たちはうちの家族となった。

だけど、これまで一緒に暮らしてきた犬や猫は、不器用で仕事が忙しかった親父には残念ながらさほど懐いていなかった。親父がかわいがろうとしても、どうしても一緒にいる時間が長くていつもお世話をしている母や僕たちきょうだいのほうに来てしまう。

もともと動物が大好きな親父にとって、これはたまらなく寂しかったのではないか。

その点、るるは違った。親父が家にいるあいだはずっとそばにいて、すっかり懐いているようだ。

「るるは、お父さんが大好きなのよ。もうすぐお父さんがずっと家にいるようになったら、るるも嬉しいんじゃないかねぇ」と母も嬉しそうだった。

母が言うとおり、48年間に及ぶ親父の仕事人生の終わりが、もうすぐそこに迫っていた。

「こんな角度でも平気だよ！」

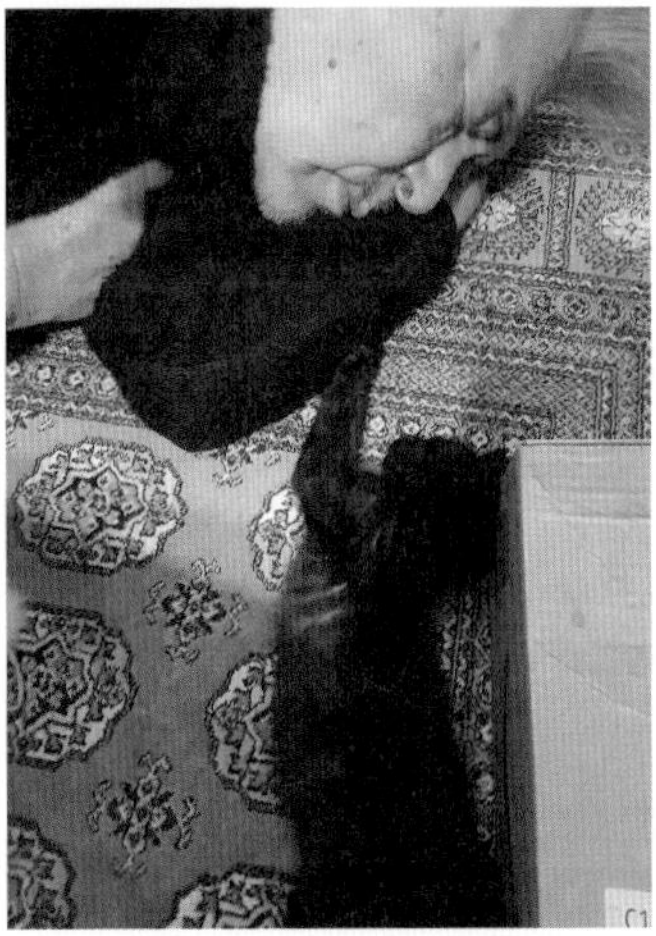

一緒にうたた寝。

気がつくと
親父の隣にいる、るる。

るるの特等席。

やっぱりそばにいる。

ついにその日がやってきた
～親父の定年の日～

るるがやってきたのは3月5日。この年の〝3月〟は、親父にとって特別なものだった。

そう、3月末日、親父は長年勤めていた会社を定年退職することになっていた。

そしてとうとう、その朝がやってきた――。

🐾

大学進学を機に18歳で家を出るまで、僕は親父と一緒に暮らしていたわけだけど、子どものころから覚えているかぎり、親父は仕事が大好きだった。仕事のある日は誰よりも早く家を出て、夜はたいていい残業で、みんなで食べる夕食には間に合わなかっ

た。正直、平日は親父の顔をゆっくり見た記憶があまりない。

そのぶん早く帰ってきたときや、仕事で家の近くまで来たときには、数分だけでも顔を見に寄ってくれたのがとても嬉しかったのを、今でも覚えている。

親父は信用組合の職員だ。いつだって地元の人たちのために働いてきた。仕事に関しては熱血漢で、後輩を思って上司に意見したこともあるそうだ。

「そんなふうだからお父さん、出世街道には乗れなかったけどね」

以前、母が冗談交じりにそう話してくれたことがある。僕がとうに大人になってからのことだった。

「でもね、お父さん仕事が大好きだったから、むしろ、お客さんと直接顔を合わせられる現場が合ってたみたい」

親父の勤める職場は60歳が定年だったけど、会社の判断もあるが、望めば65歳まで延長できる。親父はもちろん迷わず延長した。さらに65歳になったときには、一度は退職したけれど会社から復帰依頼の電話をいただき、パートタイマーとして70歳まで働くことになった。ありがたいことにそこまでの定年の延長は、親父の職場では初めての取り組みだったそうだ。

僕が大人になってからも、親父は元気に職場に通っていた。〝仕事があるかぎり、親父は大丈夫だろう〟──僕たちきょうだいはそんなふうに話していた。

だからこそ不安だった。定年を迎えたら、親父はどうなってしまうんだろう。退職後の親父を想像できなかった。

そして誰よりも不安に思っていたのは、もしかしたら親父自身だったかもしれない。

🐾

職場へ向かう最後の朝、親父はいつもどおりに起きて、身支度をした。身につけたのはシックな濃紺のスーツ。トラディショナルな形が、背の高い親父にとてもよく似合っていた。

「今日は遅くなりそう？」玄関先で親父を送り出しながら、母がきく。

「いいや、そんなことはないと思うよ」

即座に答えた親父は、少し元気がないように母の目には映った。

「そう、じゃあごちそう作って待ってるね！ 行ってらっしゃい」母は親父の気持ちを奮い立たせるように、元気よく見送りの言葉をかけた。

「ほいじゃあ、行ってくるの」

いつものように母に挨拶をして、親父は玄関から出ていった。

挨拶が終わっていないお得意さんを回るのに、今日は案外忙しいぞ――通勤途中、親父の頭にその日の予定が思い浮かぶ。

(この道を通るのももう何回目……いや、何万回目かのう)

親父は大学を卒業後に就職してから一度も仕事を変えていない。実に、およそ半世紀にわたって同じ職場に勤めていた。

3月31日。親父の最後の出勤日。例年だったら桜がそろそろ見頃な時期だったけど、その年はいつもよりも開花が早く、もうすっかり葉桜になっていた。

(散る桜に送られたら、それはそれで余計に寂しかったかもしれん。こういったさっぱりしているのが、案外自分に合っているな)

一抹の寂しさを感じながら、親父は職場への道を急いだ。

その日の挨拶回りをすべて終えたのは、もうすっかり日が落ちたころだった。予定よりも遅くなった親父を迎えたのは、職場のみんなのあたたかい笑顔。そして、支店長が用意してくれたケーキと花束だった。

「今日で最後なんて、寂しくなります」しんみりとした様子で支店長が告げ、ケーキを職員みんなで食べた。続いて花束が親父に渡される。

「ああ、ありがとうございます。支店長とは衝突することもあって迷惑をかけましたが、色んな面で応援してくれて感謝しております。みなさんも長いあいだ、ありがとうございました」

盛大な拍手をもらいながら、親父は最後の挨拶をした。

親父の仕事人生が終わった瞬間だった。

「ただいま」親父は玄関先で奥に声をかけた。「今、帰ったよ」

奥から真っ先に飛び出してきたのは、真っ黒なかたまり——るるだった。

「おう、るるただいま」

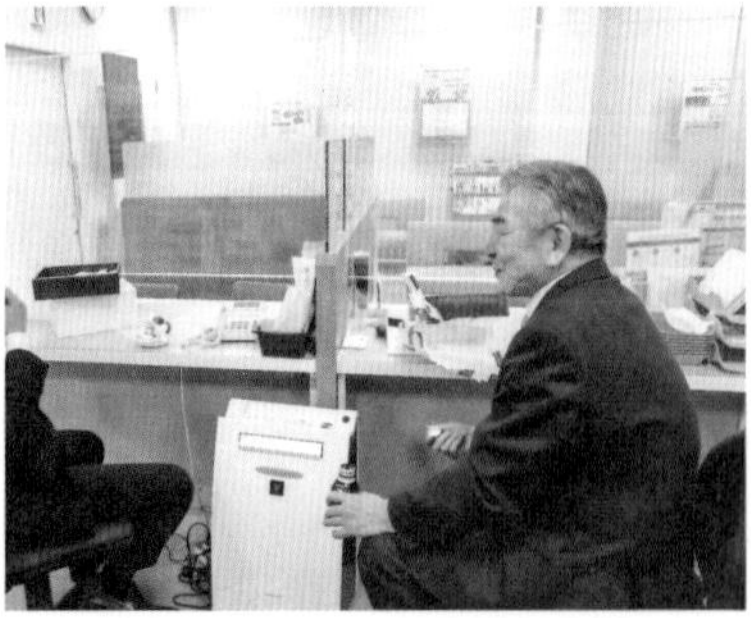

「おかえりなさい。長いあいだおつかれさまでした」るるを抱えあげた親父に、母が声をかける。

いつものように夫婦で交わされる会話を、るるは親父の胸で聞いていた。親父と母が話すたびに交互に顔を見るのがなんともかわいらしい。

「あ、ちょっと待って！」母は親父にそう声をかけると、奥に一度引っこんでいった。

「今日の記念に撮っておかないと」

戻ってきた母の手には、スマホが握られていた。

「るるも一緒に、はい、チーズ！」

親父の定年の記念写真は、さっそく家族のＬＩＮＥグループで披露された。

妹「このるるの顔、かわいいなあ」
僕「親父もいい笑顔しとる」
妻「でもやっぱり少し寂しそう」
兄「親父、おつかれさん」

親父とるるの写真を母がアップするたび、こんなふうに家族みんなでひとしきり盛りあがるのが恒例だ。今日は、心配していた定年退職の日だからなおさらだった。
「ジィジ、おつかれさま！」と、娘たちも親父に電話で伝えた。

弟「だけど、これからはるるのお世話で忙しくなるんじゃない？」
妻「寂しいなんて言ってられないかもね」

僕は写真を見ながら、親父の退職後への不安がみるみる薄れていくのを感じていた。

親父、おつかれさま。

るると始まった猫ライフ

親父が定年退職し、家にずっといる生活が始まった。るるは同じ寝室で寝ていて、5時ごろに目を覚ます。

寝ている親父をのぞきこむ、るる。親父は、るるがふとんに乗っかってきたタイミングでたいてい目を覚ます。だけど、「まだちょっと早いのう」とそのまま寝たふりをしていると……。

ジョリジョリジョリジョリジョリ——。

「ああ、るる、おはよう」るるのざらざらした舌で顔をなめられると、かわいいけれど、くすぐったい。親父も寝たふりは続けていられず、すぐ反応してしまう。

るると始まった猫ライフ

「今日も一緒にたっぷり遊ぼうの」親父はそんな声をかけ、るるを抱きあげて階下に向かう。こうしてまた1日が始まる。

るるが「にゃあ」と親父の胸で鳴いた。ごはんの催促だ。

「るる、おなかすいたよの」そうして、親父がるるのごはんの支度にかかる。

家にやってきて1カ月たったあたりから、るるのごはんはミルクから子猫用のドライフードに変わった。とはいえ、最初のうちはミルクでふやかし、徐々に慣らした。1日分の分量を3回に分けてあげる。親父や母が食事をするタイミングと一緒だ。

「お待たせ」親父がるるの前に、朝ごはんが入ったボウルを置く。待ってましたとばかりに、るるが食べはじめる。おいしそうに食べる姿にしばし見入る親父。

るるの食事が一段落したところに「おはよう」と母が起きてきて、「私たちも朝ごはんにしましょうか」と親父に声をかける。

🐾

るるの朝食を親父が用意している――初めてその話を聞いたとき、僕はちょっと驚いた。
かつての親父は仕事が忙しいこともあり、一緒に暮らしていた動物のお世話は母や僕らが中心だった。掃除や洗濯など、家事には基本ノータッチ。まさに不器用な昭和の親父という感じだ。

正確にいうと、料理はごくたまにすることがあった――休日、テレビの野球中継を観ながら晩酌するために、自分で袋麺タイプの日清焼そばを作るのだ。
親父の唯一の手料理といってもいい具のない焼そばは、なんだかすごくおいしくて、匂いが漂ってくるときょうだいみんなでねだりに行ったのを覚えている。

今思うと子どもたちに食べさせるから、親父の取り分はかなり少なかったかもしれない。親父と一緒に食べる焼そばは、僕が子どものころの、幸せで大切な思い出だ。そして、本当においしかった。僕もあのころを真似《まね》してときどき作るが、親父の焼そばを超えることはいまだにない。

――そんな親父のセカンドライフで待っていたのが、猫と過ごす毎日だった。家事とは無縁だったはずの親父が、るるの朝ごはんを用意し、トイレのお掃除もいそいそとしているというんだから……なんだか不思議だ。

🐾

朝食後の親父とるるのルーティンは〝新聞を読むこと〟。母からそれを聞いたとき、「るると一緒に?」とイメージがわかなかった。

「毎朝一緒に読んどるんよ」と、楽しそうに言う母。

仕事をしていると、母から写真が送られてきた。そこには新聞を読む親父と、その背中にちょこんと乗って、まるで一緒に新聞をのぞきこんでいるかのようなるるの姿があった。

そのあまりのほほえましさに、思わず笑ってしまった。それから、ふいに幸せな気持ちが込みあげてきた――。

僕は母へすぐに電話をした。

「親父、すごい懐かれとるんじゃの」

ちょうどそのころの僕は、仕事のことで少し悩んだりもしていた時期だった。でも、親父とるるの写真を見たとたん、そんな悩みがスーッと消えていくのがわかった。

僕はそのことを母に話した。親父とるるの写真に元気をもらったことを。そして、今の僕みたいにこの写真を見て癒やされる人もいるんじゃないかと思ったことを。

そうして僕はこの写真をＳＮＳに投稿するわけだが、それは思ってもみない反響を呼んだ――その反響を伝えるため、僕は親父に電話をした。

そもそも親父は携帯電話を持っていないし、当然ＳＮＳもやっていない。家族のＬＩＮＥグループに参加しているのも母だけだ。だから、僕の言っていることにもいまいちピンときていないようだった。

「なんであの写真が？　まあ、みんなが喜んでくれたならよかったの」

親父は平常運転の返事。そんなところも、まったくもって親父らしかった。

母が送ってくれたこの写真が、
後にたくさんの人の目に触れることになった。

今日も今日とて。

るるの朝ごはん係は親父。

のぼったらおりられなくなった。

新聞読みはふたりの日課。

るるはおてんば真っ盛り！

るると親父の写真は多くの人に喜ばれ、寄せられたコメントを母にも伝えた。ちょうど世間では新型コロナが流行していた最中。母は「コロナ禍でみんなギスギスしてるのに、ホロッとする」とこぼした。

〈癒やされました〉〈かわいい！〉〈まるで親子みたいですね〉〈ほのぼのする〉〈保護してくれてありがとう〉――なかには医療従事者の方からのメッセージも届いた。あたたかいコメントに、母自身元気をもらったようだ。

コロナ禍は当たり前の日常が当たり前ではなくなり、誰もがどこか暗い気持ちを抱えていた。そんななか、少しでも親父とるるの姿でみんなが元気になってくれるのなら両親もきっと喜ぶ。これを機に、家族のＬＩＮＥグループで共有していた写真や動

画は、多くの人とも楽しんでいくことになった。

🐾

「あれ……るる、ますますおてんばになってない？」

その日家族で盛りあがったのは、るるが籐《とう》でできたカゴをカリカリとやっている動画だった。黒猫は少しでも陰になったところではすっぽりと隠れてしまって、いたずらしていてもなかなか見つけられない。カリカリしている音に気づいた親父が「るるはどこだ？」と探して見つけたようだ。

「るるは黒いから、かくれんぼが本当に上手なんよ」と母。

成長するにつれて、できることや行動範囲が広がって、これまでと違った不安や心配が増えていく——そこは、人間の子育てと変わらないのかもしれない。

親父と母は、今るるの子育てに夢中だ。

るるの成長といえば、嬉しかったことも多い。そのひとつが、水を飲めるようになったことだ。わが家にやってきて2カ月になろうとしていた、4月末の出来事だった。

るるは家に迎えたその日に赤ちゃん用のミルクを喜んで飲み、それ以来、水分はもっぱらミルクでとってきた。ただ、もうふやかしたドライフードを食べはじめていて、離乳食に切り替わっている。ミルクで水分を補うのは栄養のとりすぎになりそうで心配だ。

それでなくても、もうすぐGWで、季節は初夏になろうかというとき。だんだん気温もあがってきていて熱中症も気がかりだった。水分をたくさんとってほしい。

「るる、お水だよ」

食事が終わるころに、親父はるる用の小さなボウルに水を入れて、るるの前に置く。〝ミルク？〟るるは一瞬ボウルに興味を引かれるけれど、水とわかったとたん〝ミルクじゃない……プイッ〟とばかりにそっぽを向く。もう遊ぶ、と言いたげにとことことダイニングからリビングへ行ってしまうことも多い。

「飲まんのぅ。そろそろ飲んでもらわんと、お父さん心配なんよ、るる」

その日も水に見向きもしないるるに、がっかりした親父が声をかけた。

「これからどんどん暑くなるけぇの。水を飲まんと、猫だってバテるよ」困り果てた親父がるるに一生懸命に説明する。「飲んだらおいしいけぇ、飲んでみるとええよ」

そんな親父の訴えが効いたのか、その日、水の入ったボウルの前から一度は遠ざかったるるが戻ってきた。しばらく水の匂いをかぐ、るる。すると……。

「ん？　お母さん！　るるが水を飲んだぞ！」嬉しくなって母を呼ぶ親父。慌てて飛んできた母も「これはみんなに報告せんとね！」と一緒になって喜んだ。

子猫の成長を見守り、一喜一憂する親父と母。

僕たちは、〝僕たちが赤ちゃんのころもそうだったのかな〟なんて想像しながら、母から送られてくる〝子育て〟の様子を楽しんでいる。

おてんば、るる！ 4連発！

「乗れたよ！（得意げ）」

妹とるる

僕には3人のきょうだいがいる。上に兄、下に妹と弟。
兄は僕の4歳上で、面倒見がよく、近所でも評判だった。きょうだいのなかではいちばん親父に性格が似ていて、怒ると怖いが、頼もしい兄だ。妹は僕の2歳下で、弟は5歳下。下のきょうだいたちともきょうだい喧嘩することはあっても、仲がいい。
今回は妹とるるのエピソードを書こうと思う。

兄、僕、弟は実家を出てしまったけれど、妹は両親と一緒に暮らしている。僕たち家族はもれなく動物好きで、妹もるるが来た当初から両親同様にかわいがっていた。

ある日、妹がメイクをしていたときのこと。それまで椅子の上でくつろいでいたるるが反応した。

（あれ、るるがこっち見てる）

妹はるるの動きに気がついたけれど、出かける支度の最中なのでかまわずメイクを続けた。

妹が何をしているのかますます気になる、るる。とうとう椅子の肘掛けに前足をのせて、背伸びをしだした。そんなるるの様子に、一緒にリビングにいた母も気がついた。るるの興味津々な姿が面白く、母はさっそく動画の撮影を始めた。

🐾

母の撮った動画には、妹のメイクをしている様子を見ようと、一生懸命、身体を伸ばするるの姿があった。

〝猫は液体〟なんてよく言われたりしているけど、本当にそのとおり。よくこんなに伸びるものだ。少しでもよく見ようといい角度を探す姿に、思わず笑ってしまった。

「別に、いつもと違うメイクをしたわけじゃないんだけど」と、あとで妹がおかしそうに解説してくれた。「顔を撫でたりこすったりしているのが、もしかして〝自分と同じように毛づくろいしてる〟って思ったのかもね」

るるもまだ子猫とはいえ、猫の女の子。

一生懸命〝毛づくろい〟する妹に親近感を覚えたのだろうか。

🐾

毛づくろいといえばこんなこともあった。

母によると、るるは親父がパソコンを開くとキーボードの上に乗ってくるらしい。親父はるるを抱っこして移動させるものの、すぐにまたキーボードの上に戻ってきてしまう——そんな攻防戦が、毎日のように繰り広げられているという。

ある日母が送ってくれた動画には、ちゃぶ台の上でパソコンを開き、作業しようとしている親父。それと、キーボードの上で毛づくろいをしている、るるが映っていた。母が教えてくれたとおり、親父はるるをキーボードからどかそうと、ズズズと両手で引き寄せるが、動かされている最中もるるは毛づくろいをやめない。

るる、親父の前で安心しきっているんだなあ、と僕はしみじみ思った。るるの毛づくろいをする姿はその後、親父が読んでいる新聞の上、はたまた親父の背中でも繰り広げられた。ときには親父の背中に乗ったるるが、親父を毛づくろいしてあげていることもある。

幸せは日々の暮らしのなかに転がっている——家族とるるの毎日を見ているうちに、僕自身、日々の小さな幸せに気づきやすくなって、なんだか気持ちが穏やかになっていくのを感じていた。

寝てしまったるる。

キーボードが増えてる……?

「どかないよ」

ぐい〜んと
よく伸びます。

妹が気になりすぎる、るる。

階段で親父の出待ち。

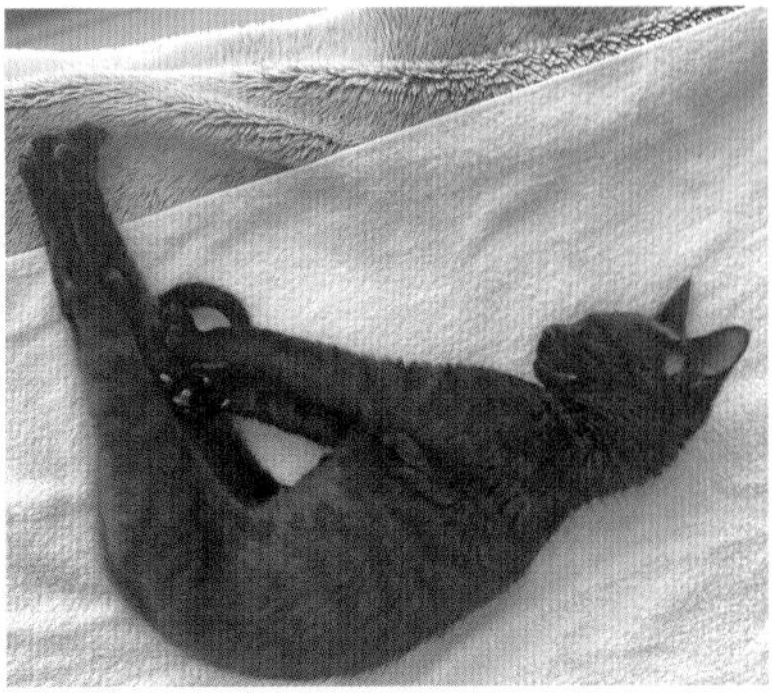

逆さから見ると
“ごめんね”のポーズ。

るるが親父を看病!?

季節は夏になった。3月のはじめにるるがやってきて、4カ月近くがたとうとしていた。るるはすっかりわが家に慣れて、身体も大きくなってきた。

そんなある日、親父が寝込んだ。

親父は身長180センチメートルでがっしりしていて、体格がいい。見かけどおり丈夫だし、風邪を引くこともめったにない。

そんな親父が体調を崩した……僕は心配になって思わず母に電話した。

「親父、だいぶ調子が悪いん？」

「お父さん、普段から丈夫で風邪もめったに引かんでしょ。久しぶりの熱だから相当つらいみたい」と母。心なしか、母の声にも元気がない。

「お母さんは大丈夫なん？」

「うん、大丈夫」切り替えるように母が言った。「るるもすごくお父さんを心配してるんよ」

思わず驚く僕。「え、調子が悪いことがるるにもわかるん？」

聞けば、何かと親父のあとをくっついているるるだけど、最近はより活発になって、ひとりで家中を駆け回ることもあった。それが親父が寝込んだとたん、るるも大人しくなった。親父の具合が悪いことを、なんとなく察しているのだろう。

つらくて横になっている親父にぴたっと寄り添うようにして、るるは静かに親父を見守っているという。

「るるもついとるけ、早く元気になるのう」僕は母にそう言った。

ちなみにるるはというと、来た当初におなかを壊した以外、病気ひとつせず元気に過ごしている。親父が調子を崩す少し前には、猫用のワクチンを打った。

多くの猫がそうなように、るるは動物病院が苦手だ。初診のときは大人しくしていたけど、だんだんと嫌なところだと思うようになったのだろうか。獣医さんに診てもらうためにペットキャリーを用意すると、それと察してかくれんぼをする。

ところが、この7月に行ったワクチン接種のときは、るるの様子が違った。ペットキャリーを置いておいたところ、みずから入っていった。まるで、苦手だけどしょうがないな、と言わんばかりに。しぶしぶといった感じで。

「〝元気でいるために必要なんよ〟って言い聞かせてたから。るるにはわかったんじゃろう」と、電話口で親父は自慢げに言う。「るるは人間の言葉がわかるんだ」

るるの看病のかいがあって、親父は熱が出た翌日から徐々に体調が戻り、元気になった。それもすぐに、るるに伝わる。

にゃーんにゃーんと、親父に訴えるように鳴く。一緒に遊んでほしいのだ。

「るる、心配かけてごめんな」

そう親父は声をかけると、おもちゃを使っていつもより念入りに遊んであげたそうだ。いつもの光景に、家族も一安心した。

るる、親父についていてくれてありがとう。

元気がいちばん！

るるの添い寝は最高のお薬。

お話し中。

初めてのワクチン接種の日。
みんなドキドキ。

オリンピックはるると一緒に

親父の調子が回復したころ、世間は世界的なスポーツの祭典で盛りあがっていた。そう、57年ぶり2回目の開催となる東京オリンピックが、とうとう始まったのだ。

親父は昔からスポーツマンだった。中学から高校の途中までは野球、その後、体格のよさからラグビー部にスカウトされて、そこから大学まではラガーマンとして活躍した。聞けば、相撲部に助《すけ》っ人《と》として借り出されて、高校2年・3年時には相撲で全国大会にも出ている。2年時には元関脇《せきわけ》の荒勢《あらせ》という人と対戦したのが、親父にとっていい思い出なのだそうだ。

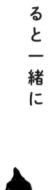

そんな親父だから、もちろんスポーツ観戦も大好き。とりわけ野球を観るのが好きで、学生時代に川上監督率いる巨人軍にはまってから、根っからの巨人ファンだ。

小さいころは僕も一緒にテレビの前に座って、親父と野球を観た。夏の夜、昼間の暑さが少し和らいで、網戸にした縁側から風が流れてくる。蚊取り線香の匂いが漂ってくる。僕は親父と一緒に、巨人のバッターが打つと手を叩《たた》いて喜び、巨人のピッチャーが打たれると残念がった。そんな時間が大好きだった。

大学時代に帰省した際、親父と盛りあがったのも野球だった。第1回ワールドベースボールクラシックだ。親父と熱狂し、テレビの前で叫んだのは最高の思い出だ。

今回の東京オリンピックも夏休みを使って帰省して、そんなふうに親父とオリンピック観戦を楽しむのもいいなと思っていた。

なんといっても、親父にとっては定年後初めての夏だ。時間を持て余すのではないか、寂しくなってしまうのではないだろうか。僕たち家族が夏休みを兼ねて遊びに行けば、気も紛れるだろう――そう思って計画を立てていたのだが、残念ながら新型コロナがまた流行しはじめて、それは叶《かな》わなかった。

でも結局、僕の心配は杞憂《きゆう》だった。母からは夏のあいだも、親父とるるの写真や動画が送られてくる。世間の盛りあがりをよそに、親父とるるはのんびり平常運転だった。

オリンピックの今日の予定を新聞でチェックする親父の横で、のんびりと毛づくろいする、るる。椅子の上に座ったるるとじゃれ合う親父。テレビから流れるオリンピック実況に合わせるかのように、親父に飛びつくるるの姿には思わず笑ってしまった。

「いたずらっ子のるるですが、お父さんがオリンピック中継に夢中のときは、大人しくお父さんの膝でテレビを観ています」という母の近況報告にもホッとする。

おてんば盛りのるるは、画面に映ったサッカーボールを追いかけたりすることもあるらしい。観戦を邪魔されても、親父はそんなるるを嬉しそうに目を細めて見ている。

ふたりの姿はまるで夏休みの親子みたいで、親父と一緒に野球を観ていた子どものころを思い出した。あのころに戻ることはもうできないけれど、それは今このときだって同じ。なにげなく思える毎日の一瞬一瞬が、二度と戻らない大切な時間なんだ——夏の夜風にあたりながら、僕はふと、そんなことを考えた。

ふたりの夏休みは
絵に描いたようなスローライフ。

ひんやりタオルが気持ちいい。

ピタッ。

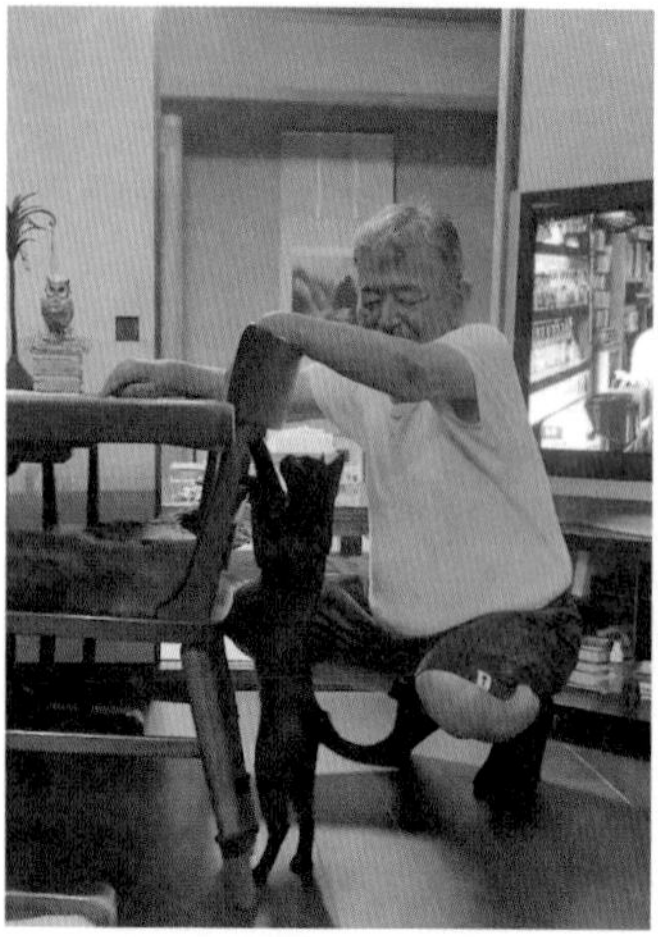

背が伸びたなあと
成長が嬉しい親父。

夏も乗ってます。

添い寝。

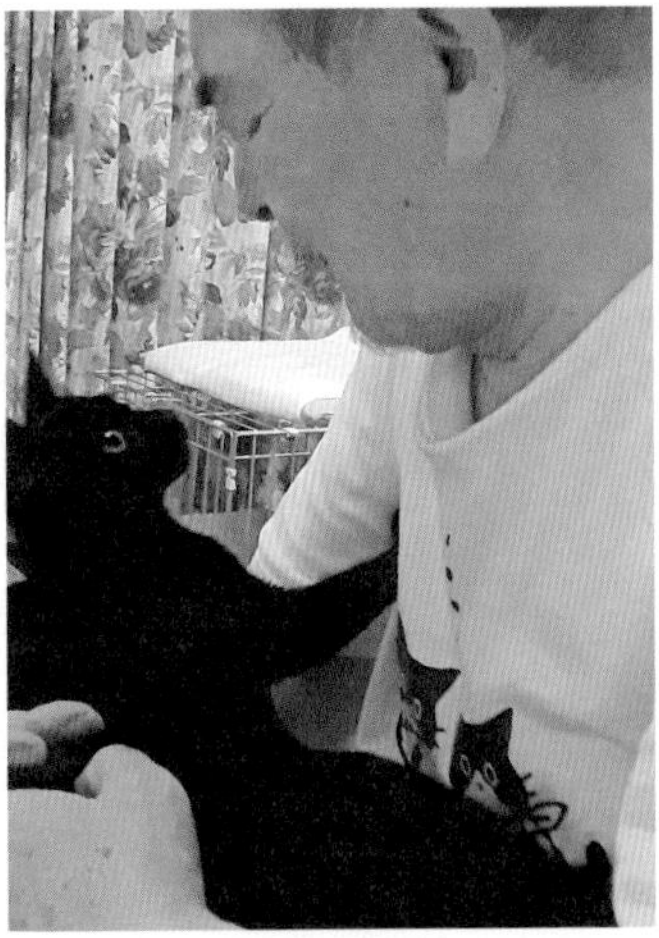

見つめ合うふたり。

つんつん。

おいでおいで。

夏の日の昼下がり。

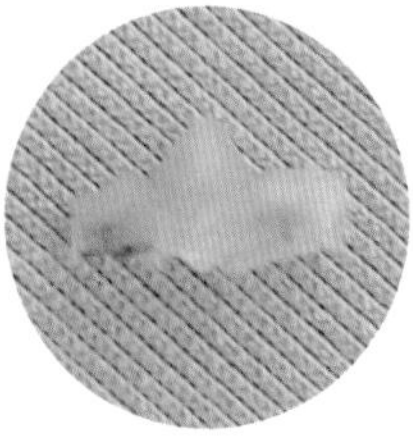

夏の日に落ちていた、るるの乳歯。
両親は今も大切に保管している。

るるに負ける親父

るるは何かというと、親父の前にやってくる。

親父が新聞を読んでいると背中に乗ることが多いのだけど、たまに新聞の上に寝転がって、だらーんと伸びたりする。遊ぼうとばかりに、親父がめくった新聞にじゃれついたりも。親父は、そんなるるをやり過ごしながら、そのまま新聞を読み進めることもある。

特に、パソコンは要注意だ。親父がノートパソコンの前に座ると、るるはすかさずキーボードの上に乗ってくる。

（どかすのもかわいそうじゃし、かといってキーボードが使えんのも困る。どうしたもんかの……）

困った親父が考え出した苦肉の策が、もうひとつのキーボードを接続することだった。ノートパソコンなのに、だ。これならるるがかわいいので強引になれなくても、もうひとつのキーボードで操作することができる（本体のキーボードに猫の体重がかかっているのは解決されないので、まったくおすすめできない方法ではあるけれど）。

果たしてその結果とは……。

るるも、はじめは戸惑っていたようだ。いつもだったらここ（キーボード）に乗ったとたんにお父さんは作業をやめて、自分をかまってくれる。なのに、なんだか別のものがくっついていて、そっちでカチャカチャやっている。

ならば、どっちにも乗ればいい。

るるは、そうひらめいたに違いない。身体はノートパソコンの上に乗せたまま、しっぽを別のキーボードを操る親父の指にじゃれつかせるようになった。

「るるは頭がええんよ」

その顛末《てんまつ》を話す親父はどこか嬉しそうで、誇らしげでもあった――問題は何も解決していないのに……。

たまにるるから猫パンチを浴びている親父の写真も送られてくるけれど、親父は笑顔で、むしろ喜んでいるように見える。

るるが目の前に邪魔しに来るのも、るるにパンチをされるのも、親父にとっては楽しくて仕方がないことなのだ。

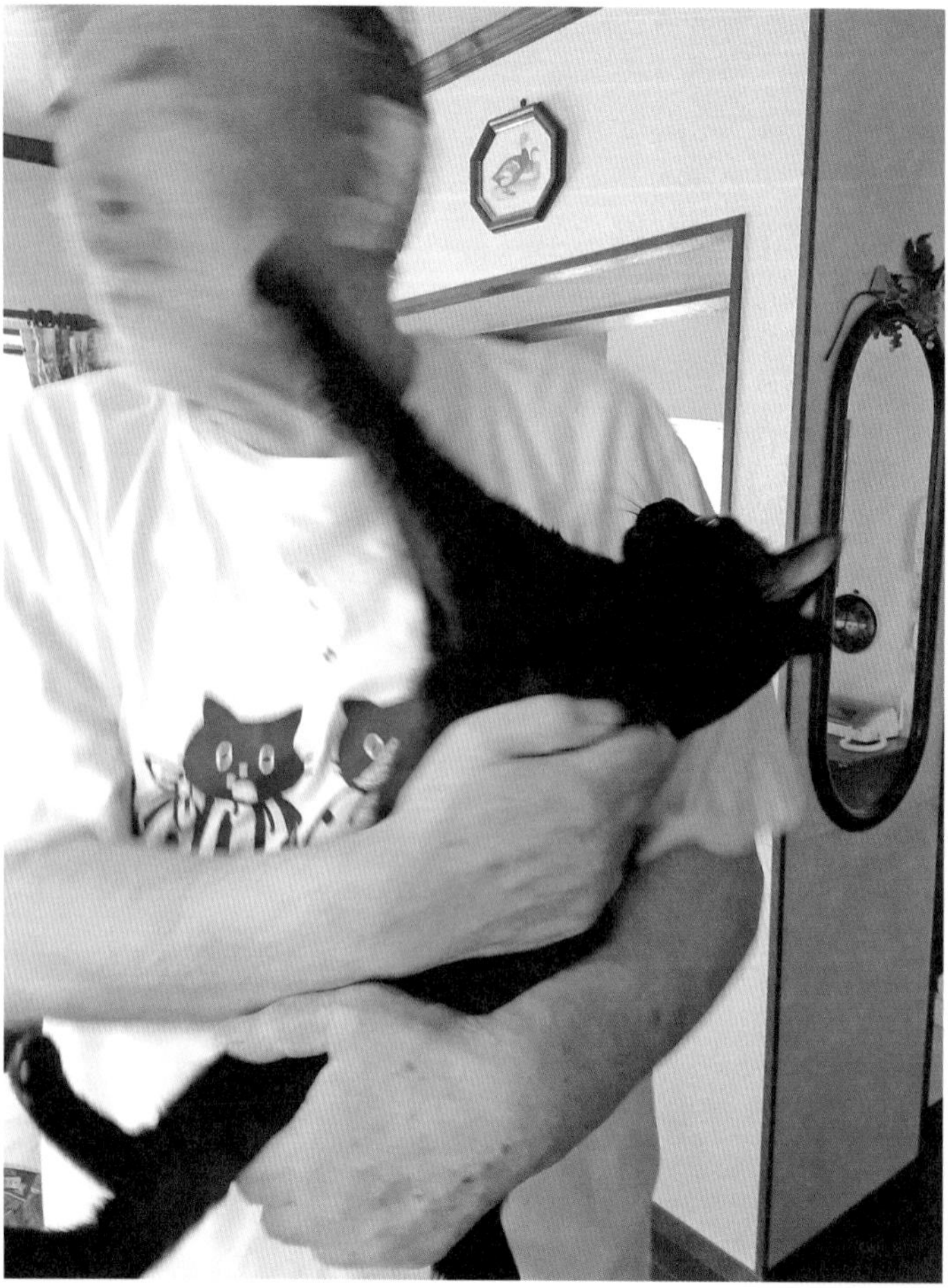

NEK.O.
るるパンチ炸裂。

るる、握手を覚える⁉

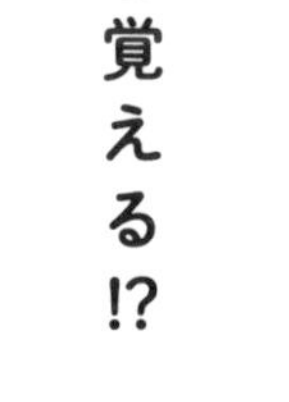

9月に入ると東京では長雨が続き、急激に涼しくなった。親父やるるが暮らす地元でも猛暑が和らぎ、秋の気配を感じるようになってきた。るるにとっても過ごしやすい季節になった。親父とるるは相変わらず、毎日活発に遊んでいるようだ。家族のＬＩＮＥグループは、今日も母の撮ってくれた写真でにぎやかだ。

母は機械を使いこなすのが親父よりも上手で、僕たちきょうだいが小さいころの撮影係はもっぱら母だった。その昔はプリントのカメラ、そしてビデオカメラもときどき。それが今はスマホに代わり、るるの成長をわくわく楽しんで記録してくれている。

そんなある日、新しく送られてきた動画に目を疑った。

いつものように、ちゃぶ台のノートパソコンのキーボードの上でくつろぐるる（こ

れはもうしょうがない)。すると、るるを撫でていた親父がおもむろに手を出す。

「ほい、るる。握手しよう」

(親父、猫にそれはいくらなんでも無茶振りだろ……)

ところが次の瞬間、るるはすっと片方の前足を親父の手のひらにのせた。親父が大好きすぎるるるは、とうとうそんな技まで身につけたのだ。

ある日の写真では、親父が散歩に出かけたあと、いつもの親父の定位置で待つるるの姿があった。しばらくすると寂しいのか、玄関の前に佇《たたず》んでいる。その後ろ姿がなんともかわいらしい。さらに出かけるときにはハグをしていて、親父が忘れているとるるは二本足で立って手を伸ばす。「お父さん」と呼びかけているのが聞こえてきそうだ。それに応える親父からは、るるがかわいくてたまらない様子が伝わってくる。

今日も親父とるるは相思相愛だ。

るるは“握手”を覚えた！

「お散歩には行かせないよ」

「ハグわすれてるよ」

「お父さん、まだかな」

ドアの前でも出待ち。

相思相愛です。

親父、若返る

「ほうなんよ」と母。

「気のせいじゃないよね」

夏から気になっていた話題で、その日家族のＬＩＮＥグループは盛りあがっていた。みんな同じ意見だ。

「お父さん、若返ったよね」

るるが来てから約7カ月がたとうとしていた。親父の手のなかにすっぽり収まって

いた小さな黒猫はすくすく成長して、今では伸びをすると新聞の片面くらいの大きさになった。相変わらず新聞を読む親父の背中に乗っている。

そんなるるの成長と逆行するように、親父が以前よりも若く見えるのだ。

まず、難しい顔をしていたのが、よく笑うようになった。それにともなって口角もあがったのかもしれない。髪型もなんだかおしゃれだ。以前は仕事が忙しかったせいもあり、家では疲れてだらっとしていたが、部屋着なのにだらしない感じがしない。背筋がピンとして、なんならスリムになった気もする。会社員時代のほうが運動量としては上だったのに？

「退職すると老けこむんじゃないかって心配だったけど、かっこよくなったよね」

きょうだいでひとしきり盛りあがっていると、母が――。

「お父さんは昔もかっこよかったけぇねぇ」

そう、親父の若いころの写真を見たことがあるのだが、今で言うイケメンだ。

母と親父が初めて会ったのは、母が学生時代の先輩と食事をしたとき。たまたま親父がその場に同席したそうだ。初対面からお互い好印象だったみたいだけど、奥手な親父から何か行動を起こすわけでもなく……結局二人が付き合いはじめたのは、それから3年もあとのことだったらしい。

――実は親父と母のなれそめをちゃんと聞いたのも、この本を書こうと思って色んな話をしていたのがきっかけだった。ちょっと照れくさいような気もしたけど、聞けてよかったと思う。

るると遊ぶ生き生きとした親父を、今日も母が撮って送ってくれる。夫婦喧嘩も少なくないけど、なんだかんだで親父のいちばんの理解者は母だった。そんな母のフィルターを通しているから、余計に親父のかっこいい瞬間が撮れるのかもしれない。そして、親父とるるの写真を撮るのをいちばん楽しんでいるのは、母なのかもしれない。

親父と母（新婚旅行）。

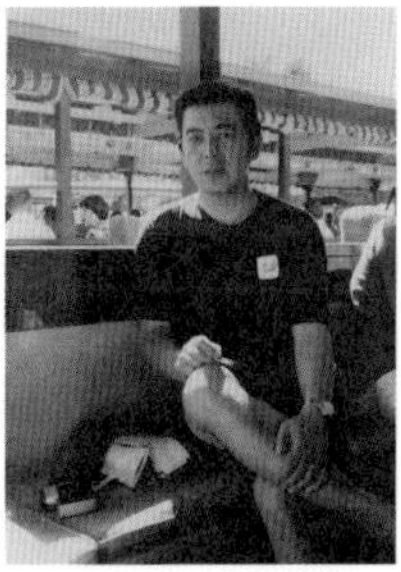

若かりしころの父②

若かりしころの父①

そして、今。

るるは成長して
親父は若くなった。

母の用意したハロウィン

母は昔からまめな人で、家のなかをちょこちょこと模様替えしたり、季節に合わせた花を活《い》けたり、イベントに合わせて飾りつけをしている。

最近では母が撮った親父とるるの写真をＳＮＳにあげると、家のインテリアについて褒めてもらえることも多い。母にそのことを伝えると「嬉しいね」と喜んでいる。

ふたりの自然な日常をのぞくのが好きなので、ふだん写真のリクエストをすることはないが、季節はもうすぐハロウィン。黒猫ということもあり、ハロウィンらしいるるの写真が見たいな、と僕は初めてリクエストをしてみた。かぼちゃやコウモリ、おばけなどの飾りのなかにるるがちょこんといたら、それはもうかわいいに違いない。

ところが……。

「えっ。なんでさつまいも？」

「ハロウィンがよくわからんもん……」

　そこに写っていたのは……ペーパータオルの上になぜか置かれた、さつまいも。

　写真は2枚あった。1枚目はるるがきょとんとした目で、不思議そうにさつまいもを見ている。〝おもちゃなのかな？　食べられるのかな？〟と考えているみたいだ。

　2枚目は、るるが撮影している母のほうを〝これなに？〟とばかりに見ている。

「……ハロウィンってかぼちゃだと思うんだけど」

「家にかぼちゃがなかったんよ。そうしたらお父さんが〝さつまいもでもええんじゃないか〟って」

　たしかに親父は、細かいところは細かいが、基本おおらかだ。いや、もしかしたら親父なりのユーモアなのか……？　僕の頭のなかには〝？〟マークが浮かんだが、不思議そうなるるの顔をもう一度眺めていたら、「でも、うちらしいか」という気分になった。離れて暮らしていても写真を通して、親父と母の相変わらずのやり取りが伝わってくる。それが嬉しかった。

母が全力で用意した
ハロウィン。

「これなに？」

せーの。“命”！

読書の秋……？

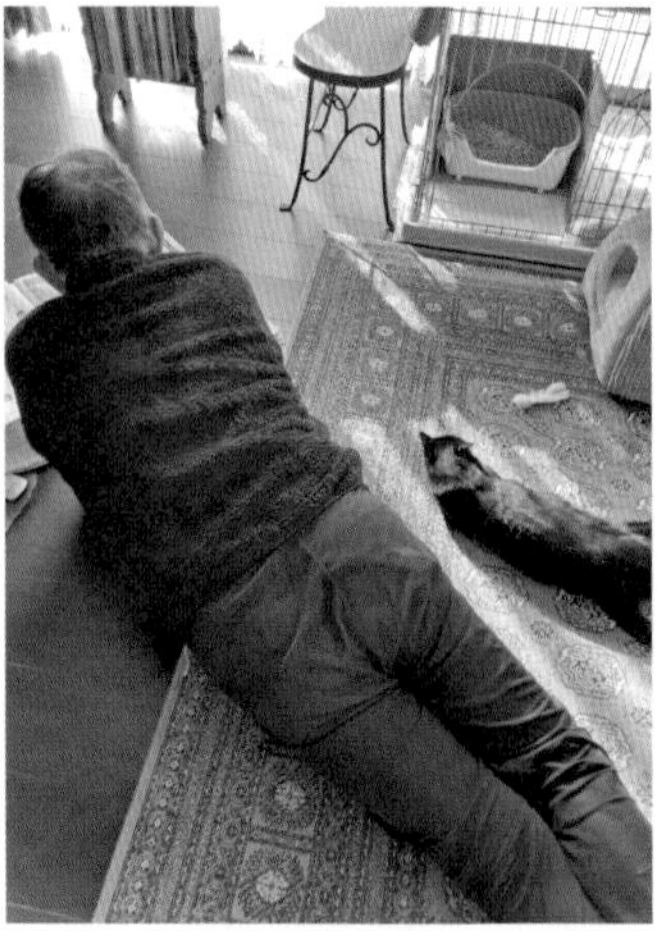

完全に親子。

ときどき甘噛みされるため、
終始ビビる。

仲良しの鼻ちゅー。

後ろからひょこっ。

るるの初めてのクリスマス

るるの成長を見守りながら、秋が過ぎていった。ハロウィンが終わったらそろそろ寒さが本格的になって、冬がやってくる。

僕には2人子どもがいて、多くの親と同様12月に入ると、今年も楽しいクリスマスにしてあげたいと必死だ。

僕も子どものころ、クリスマスが大好きだった。と言っても、とりたてて大げさなことをしていたわけではない。ツリーを飾って、ごちそうを食べて、サンタさんにプレゼントをもらって……特に、ごちそうが食卓に並ぶイブの夜は、心が沸き立った。田舎で夕食が早かったのもあるけれど、テーブルに親父の姿はない。クリスマスイブだろうと、平日は仕事で駆け回っていたからだ。ある日の例外をのぞいては。

僕が小学校3年生くらいのころだったと思う。その年のクリスマスも、僕たちきょうだいはツリーを前にして大いに盛りあがっていた。

母は料理が上手で、いつもおいしいごはんを作ってくれていたが、クリスマスはますます腕をふるった。〝こんな日くらい早く仕事が終わって、一緒にごはんを食べられたらいいのに〟と、僕は子ども心に親父のことを考えていた。親父が、みんなで食卓を囲むのが好きなことを知っていたからだ。

実家にはダイニングテーブルと廊下を隔てるドアがあり、そこはすりガラスになっている。何か予感があったのかもしれない——みんなでクリスマスのごちそうを頬ばりながら、僕はそのすりガラスになんとなく目を向けた。すると大きな影がよぎった。

「お父さんだ！　お父さんが帰ってきた！」僕はすぐさま声をあげた。

まだ夕方の18時にもなっていない時間の帰宅に驚く母に、親父は「ちょっと近くまで来たから」と、仕事を抜けてきたことを告げた。

母のごちそうを前に相好を崩す親父。それでも、あっという間に食べ終えて、また仕事に戻っていった。一瞬の嵐みたいだった。

家でだらだらと過ごす休日の親父と違って、仕事モードの親父はかっこよくて、あの日の姿は今も目に焼きついている。

🐾

そして年月は流れ、今年はるるが初めて迎えるクリスマス。同時に、親父が定年になって初めてのクリスマスでもある。

母が腕をふるい、クリスマスディナーにふさわしい料理がテーブルを彩る。今年の親父は、甘えんぼのるるを膝に乗せ、ゆっくりとクリスマスを楽しむことができる。

さっそく母からは、クリスマスイブの夜の写真が送られてきた。
満足そうな親父と、いつもと変わらない様子で親父に抱っこされる、るる。
るるよりも親父のほうが嬉しそうだ。

あの年のクリスマス、平日にもかかわらず親父が仕事を抜けて帰ってきたのは、〝母のごちそうを食べたかったからだ〟と子どものころは思っていた。それももちろんあっただろうけど、年に一度のクリスマス、親父は少しの時間でも家族と一緒に食卓を囲みたかったんだろう。自分も父親になった今は、そう思う。

僕たちきょうだいはもうすっかり大きくなってしまったけど、るるが僕らの代わりに、親父と母のクリスマスに彩りを与えてくれている。楽しくて仕方ないと言わんばかりの親父の笑顔が、嬉しい。
るるが来てまもなく10カ月。定年後の不安はもうすっかり消えていた。

メリークリスマス！

最高の年になったね。

お正月、家族が集まった！

クリスマスが終わり、いよいよ年の瀬だ。

いつもは母と親父と妹、そしてるるの、楽しくも穏やかな毎日が、急に慌ただしくなる――普段は遠く離れた場所で暮らしている兄や弟、そして僕の家族がお正月に帰省することになったからだ。

僕は気持ちが浮き立っていた。コロナ禍だったということもあり、実に2年ぶりの実家だ。親父が定年してから初めての帰省だし、親父や母やきょうだいたちと、久しぶりに顔を見ながらおしゃべりするのが待ち遠しい――。

そして何より、ついにるるに会える！

実はひそかな自慢なのだけど、僕はなぜか動物と子どもにモテる。〝お、この人間、自分にちょっと似てる〟なんて思われるのかもしれない。だからもちろん、るるとだって最初から仲良くなれるはずだ。抱っこだってしてしたい。

（親父より僕にくっついて離れなくなったらどうしよう）そんな先走った妄想をしていた。

ただ、僕たち家族が実家に行くには問題がひとつあった。わが家には僕と妻、2人の子どものほか、犬のちょこちょこがいる。ちょこちょこは旅行に行くときもいつも一緒だ。今回の帰省にも、もちろん同行させるつもりだった。

「ちょこちょことるる、いきなり顔を合わせるとお互いにストレスよね」と母。

「そうだなあ、るるは案外警戒心が強いし。何しろ家に来てから、病院に行く以外は外に出たことがないから、犬を見たこともないしなあ」親父も母に賛同する。

そう、るるは〝箱入り娘〟なのだ。そんなわけで心配した母が事前に準備をして、ちょこちょこは二階、るるは一階で基本過ごすことにして、状況によっては顔を合わせなくてもすむようにしてくれた。それを聞いて僕もホッとした。僕たち家族が行くことで、るるに余計な負担をかけたくはない。

「お母さん、ありがとう。るるに会うのを楽しみにしとるよ」僕は弾む心を抑えきれず、ウキウキとした声で礼を言い、東京の家を家族とともに出発した。

🐾

「やあ、おかえり！」「みんな大きくなったわね」「長旅で疲れたじゃろう」「本当に久しぶりじゃねぇ」

実家のドアを開けたとたん親父と母から、次々に歓迎の言葉が飛び出してきた。孫の成長が見られて、嬉しくて仕方ない様子だ。

子どもたちもぴょんぴょんと飛び跳ねながら「ジィジ、バァバ、会いたかった！」

とはしゃいでいる。久しぶりの再会に、誰もが笑顔だった。僕がるると会いたいと思っていたように、両親も孫たちに会いたいと思っていてくれたのだ。

玄関先に荷物をおろしながら、僕は（あれ？）と思った。出迎えてくれた親父の腕のなかに、るるがいなかったからだ。

「るるはどこ？」と思わず尋ねる。

「るるをびっくりさせちゃいけんけぇ。慣れるまでは、ダメよ」親父が驚くような発言をした。

（え？　るるってそんなタイプなの？　親父、さすがに過保護すぎるんじゃない？）以前の親父だったら考えられないような発言に、僕は面食らってしまった。

そういうわけで僕たちはまず二階の部屋へあがり、しばらくしてから一階へおりた。そしてついに、るると対面した。実際のるるは黒くてふわふわで目がくりっとしていて、とてもかわいい。

ただ、知らない人間が現れて警戒しているのか、テレビの裏から出てこようとしない――僕が近づこうものなら、テーブルの下にひょいと隠れて、唸《うな》り声をあげて威嚇してくる。しかもその声は、僕が今まで聞いたこともないような、まるで地響きのような声だった。


ところが、親父がそばにいると、甘えること甘えること……。


こんなに猫から警戒されたことがなく、すぐに仲良くなるという思惑がはずれて少ししょんぼりしながらその日は眠りにつき、翌朝。居間に行くと、新聞を読んでいる親父と、その背中に乗っかっているるるの姿が目に飛びこんできた。

（おお！　ほんとに親父に乗っかってる！）

母がいつも写真で送ってくれていた親父とるるの毎日がそのまま、目の前で繰り広げられている。

その平和で優しい光景を、僕は後ろからそっと見つめていた。

結局、帰省している1週間のあいだにどうにか猫じゃらしで遊び、最終日には触れることもできたけれど、抱っこは夢のまた夢。るるとの初対面は僕の目論見《もくろみ》とはまったく違うものになった。けど、実家でみんなで過ごした時間はとても楽しいものだったし、子どもたちもおじいちゃんおばあちゃんと過ごせて嬉しかったようだ。

何より、定年後のセカンドライフを満喫している親父をこの目で見られた。去年の今ごろには想像もできなかったことだ。

「また来るよ」東京に戻る日、玄関先で親父や母、妹に別れの挨拶をする。兄や弟は一足先に出発していた。

「今度来るときは、もっと仲良くなろう。覚えててくれよ!」僕はるるにそう声をかけた。

親父は「身体に気をつけての」と、なんだか嬉しそうに笑った。

両親が作った“るるハウス”!

るると迎える、初めてのお正月。

お正月もやっぱり親父の背中で。

テーブルの下からひょっこり。

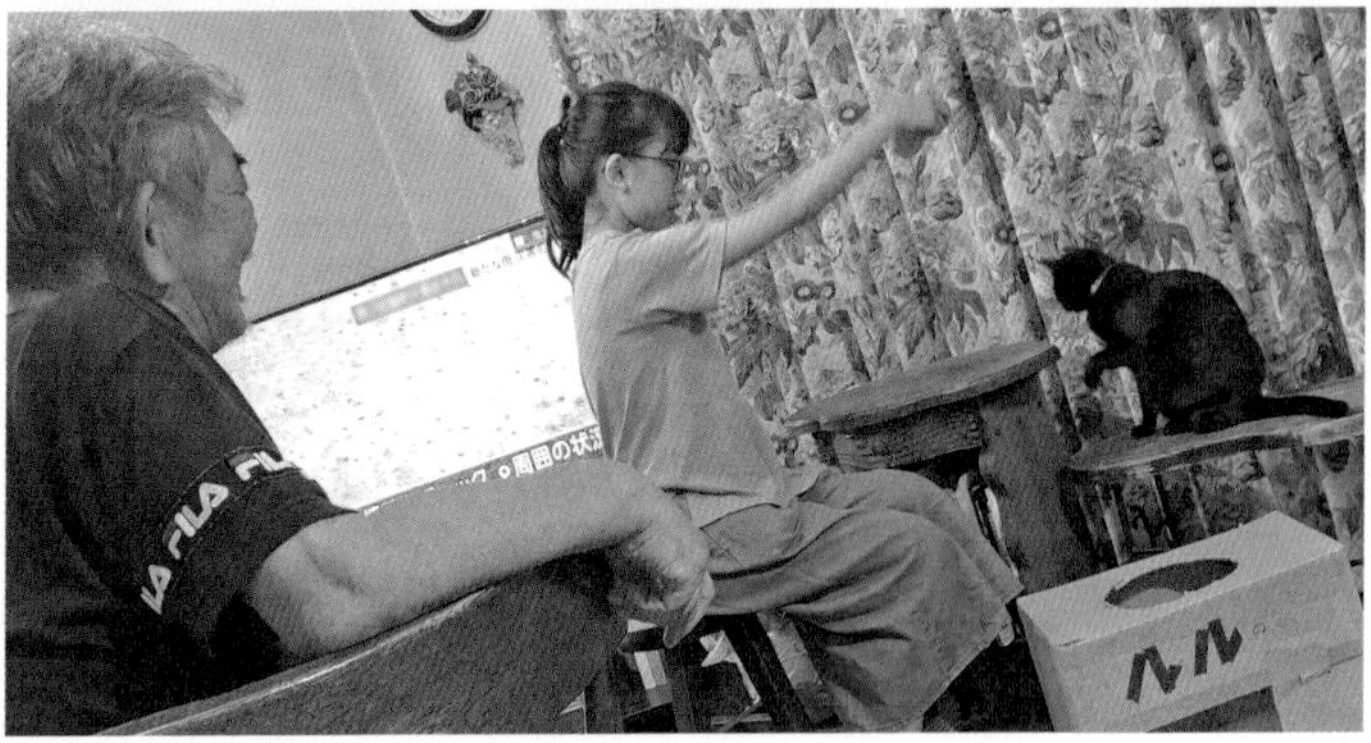

孫に会えて嬉しそう。

愛犬ちょこちょこも一緒に。

誕生日もひな祭りも盛大に！

〝初対面から仲良くなり、抱っこをする〟という夢は叶わなかったけれど、ついにるるとの初対面を果たして始まった新年。僕は慌ただしい毎日を過ごしていた。年の始まりで仕事が忙しかったのもあるけど、実は秋ごろにある計画を思いついて、ひそかに準備を進めていたのだ。

喜んでくれるといいな……僕はワクワクしながらその準備にいそしんでいた。

🐾

「もしもし、お父さんじゃけど。今、話して大丈夫か？」

その日、珍しく親父から電話がかかってきた。僕はわりと親父にも母にも気軽に電

話をかけるほうだけど、親父からかかってくることはめったにない。かけてくるとすれば、もっぱら母からだ。

普段だったら、そんな親父から電話があると、何かあったんじゃないかと心配してしまうけれど、今日は〝かかってくるかもな〟と思っていた。

なんと言っても今日は2月18日。るるの1歳の誕生日だったからだ。

「プレゼントが届いたよ。あれは、お父さんとるるの絵か？」と照れくさそうな親父。

親父の言葉に、僕は思わずニヤリとした。るるの誕生日を祝うために、実は今日届くようにと、プレゼントを贈っておいたのだ。

僕が用意したのは、るると親父のイラストをプリントした、オリジナルのブランケット。世界にひとつだけのプレゼントを贈りたいと去年の秋から計画していたのだ。

絵を描いてくれたのは田村鞠果《まりか》さんというアーティストの方で、ネット記事で彼女の作品を見たとき、どうしてもこの方に親父とるるを描いてもらいたい……と、思いきって声をかけたのだった。

親父の背中に乗っているるるや、ふたりで座る後ろ姿——田村さんが描いてくれたイラストには、出会ってからのふたりの日常が詰めこまれている。

「似とるじゃろう！　るるの1歳の誕生日のために前から計画して作ったんよ」

「嬉しいよ。るるだけじゃなくて、お父さんまで絵になっとるんじゃの。こんなん初めてじゃ。るるも喜んどるよ」

「すごいね!!　似とるよ！」と母も驚いている。

るるへの誕生日プレゼントではあるけれど、両親が喜んでくれたことが、僕は最高に嬉しかった。

「大切に使うよ」そう言って、親父は電話を締めくくった。

その言葉のとおり、夜に送られてきた母からの写真には、ブランケットにくるまる親父とるるの姿があった。母が買ってきた花がテーブルにきれいに飾られていて、みんなで盛大にるるの誕生日を祝った様子が伝わってくる。

これから先も親父とるるは、こんなふうにして誕生日や記念日を一緒に祝うんだろう。そのたびに、楽しいことがたくさんあるといいな。

そんなことを思いながら、僕は幸せな気持ちのまま家族と眠りについた。

かくして1歳になったるるは、相変わらずのおてんばぶりだった。

ある日仕事をしていると、母からメールが届いて、3月3日にはひな祭りのお祝いをするんだと教えてくれた。

お祝いと言っても（きっとお母さんが作ったちらし寿司《ずし》をみんなで食べるんだろうな）くらいに思っていた。子どものころ、ひな祭りになると母がちらし寿司を作ってくれて、それが絶品だったのだ。

でもその日に送られてきた写真は、僕の想像を遥かに超えて〝盛大〟だった。

食卓に並んでいたのは母特製のちらし寿司だけじゃない。ひな祭りの伝統にのっとったはまぐりのお吸い物、それから唐揚げのサラダが、きれいに半月盆にのせられて親父の前に並べられている。

びっくりしたのはその横の、色違いの半月盆――〝るる用〟のお盆だ。盆の上には小さなひな人形が飾ってあって、箸置きの上にはるるが大好きなちゅ～るの袋。上品な陶器のお皿にちゅ～るが盛られている。

「ずいぶん豪華じゃの」と僕は思わず返した。

「そうよ。るるのひな祭りじゃけぇね」と嬉しそうな母。「るるはかわいい娘じゃやけぇ。ひな祭りは女の子の成長をお祝いする、大事なお祭りなんよ」と説明してくれた。

そういえばお正月に会ったとき、〝セカンドライフは第2の子育て〟と親父が言っていたことを思い出した。両親の楽しそうな様子が伝わってきて、本当に子育てが始まっているんだなと思った。

働いているころは仕事が忙しくて、子どもたちの行事になかなか付き合う余裕がなかった親父。できることなら、子育てにももっと関わりたかったのかもしれない。それが定年後の今は、子猫のるるの子育てに不器用ながらも奮闘している……人生、何があるかわからないものだ。

そんなことを考えた3月。るるが親父に出会った日から1年がたち、親父が定年を迎えて1年がたとうとしていた。

季節はめぐる。桜が咲きはじめ、るるにとって2度目の春がやってきた――。

るる、1歳の誕生日おめでとう！

気に入ってくれてよかった。

るると親父が描かれた
世界にひとつのブランケット。

るるのお盆には
かわいいひな人形。

節分も。恵方巻きより
焼き魚が気になる、るる。

気づいたらすごく大きくなってる！！！
（P.60の写真からちょうど1年後）

最近の親父とるる

これが、るると親父が出会ってからの1年の物語だ。この本を書いている今、るるはもうすぐ3度目の春を迎えようとしている。

親父とるるの出会い方自体は、一般的にそこまで珍しいものじゃないかもしれない。ただ、定年間際にるると出会ったことは、親父にとって奇跡のような出来事だったんじゃないかと思う。ありふれた日々だけど、親父は毎日をとても楽しんでいる。

親父のセカンドライフ……いや、猫ライフは、るるとの出会いが始まりだった。るるが親父を、僕たち家族を、こんなにも笑顔にしてくれる。

最近の親父とるるはというと、相変わらず仲良しで、朝も夜も一緒に過ごしている。

朝はるるがいそいそと親父を起こし、親父に抱っこされて二階の寝室からおりてくる。朝ごはんを食べたら一緒に新聞タイムを楽しんで、親父が散歩に出かけると、玄関でそわそわ親父を待ちはじめるのも変わらない。

僕たちきょうだいも相変わらずだ。母が家族のＬＩＮＥグループに写真や動画をあげてくれるたびに、みんなで盛りあがる。以前はあまりまめに反応するほうではなかった兄や弟も前より発言するようになったし、両親が楽しんで過ごしていることに安心しているようだ。こんなふうにやりとりが活発になったのも、今までは写真や動画を受け取るだけだった母が、るるのおかげでスマホを使いこなすようになり、自分からも発信できるようになったからだと思う。

るるはすっかり大きくなった。赤ちゃんのころと同じように今も親父の背中に乗っかる。小さいころは、親父が新聞をめくろうとしたら、バランスを崩して背中から落ちそうになって慌てていた。今は、たとえ落っこちたとしても、ひとっ飛びでまたのぼることができる。

ちなみに、僕とるるのその後はというと……「目標達成！」とまではいかないけれど、格段に仲良くなってきている。もう、るるがテレビ台の裏に隠れてしまうことも、唸ってくることもない。

テレビ電話をかけると、僕の声を聞いてるるが近くに寄ってきてくれる。念願の抱っこはまだできていないけれど……それでもかなりの前進だ。

ところで――るるは真っ黒な黒猫だ。僕たち家族からするとかわいくて仕方ないけれど、なんとなく不吉なイメージがあるとか写真映えしないといった理由で、黒猫を敬遠したり手放したりする人もいるそうだ。実際に、保護活動をされている方の話だと、ほかの毛色の猫たちに比べると飼い主探しにも苦労してしまうらしい……。

僕も以前は、黒猫はクールで取っつきにくいというイメージを持っていた気がする。でも実際は、人なつっこくて甘えんぼだ。かくれんぼが得意で、テーブルの下にもぐると、くりっとした瞳だけになる黒猫。るるが教えてくれたそんな黒猫の魅力を、たくさんの人に知ってもらえたらと思うし、この本がひとつのきっかけになってくれればこんなに嬉しいことはない。

動物との暮らしはいつだって幸せをもたらしてくれる。だからこそ僕たちも負けないくらいの愛情をもって、幸せにしたいと思う。

🐾

仕事一筋だった不器用な親父が定年後どうなってしまうか、ずっと不安に思っていたころは、まさか親父が〝第2の子育て〟に夢中になるなんて想像もしていなかった。大好きだった仕事はもうしていない。それでも親父は〝今〟を満喫している。

小さな出会いで、人生が大きく変わることだってあるのだ。

——るる、親父をこんなにも笑顔にしてくれてありがとう。

これからも親父をよろしくね。

出会って１年が過ぎたあとも、
親父とるるは相変わらずのんびり過ごしています。

なんでもない毎日が
嬉しくて仕方ない親父。

「大きくなったよ！」

子育てがんばってます。

日向ぼっこしながら
だら〜ん。

5月の親父の誕生日。
もちろん一緒にお祝い。

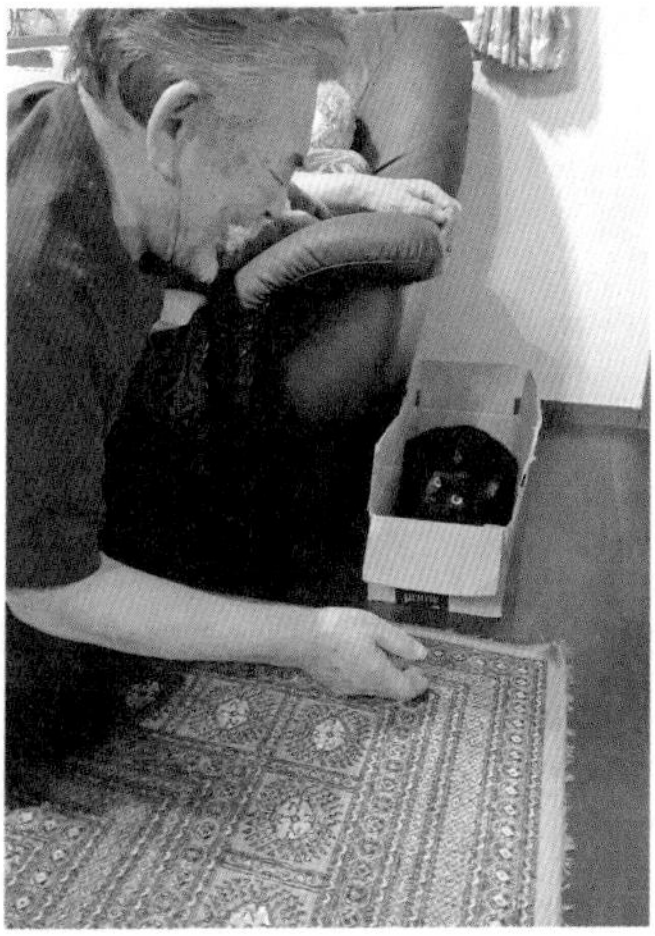

見つけた！

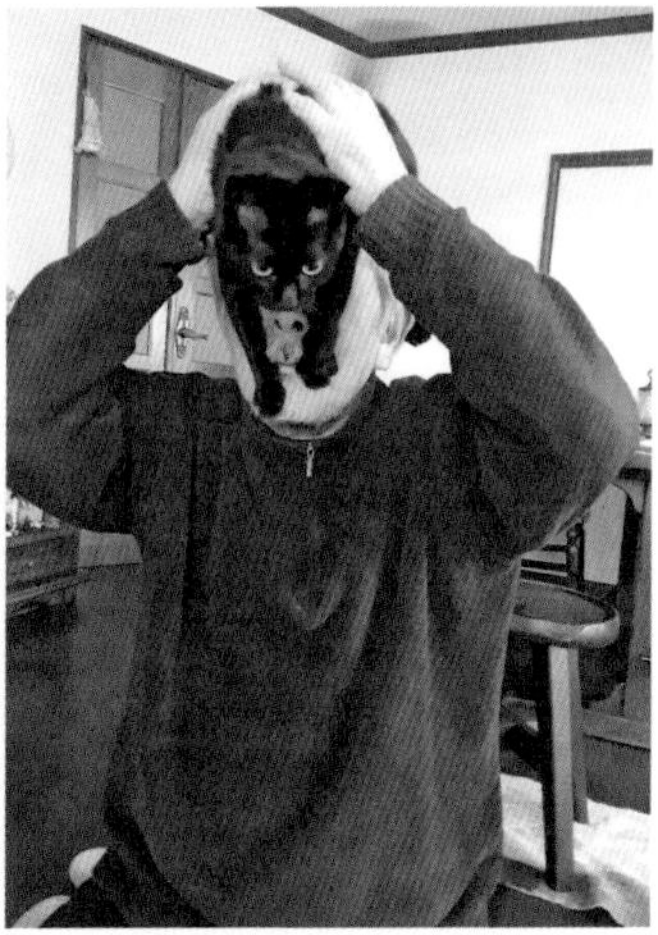

バットマンならぬ
“バットニャン”！

スローライフ、満喫中。

るると晩酌。

暑い日に床に落ちてるのは
猫だけじゃありません。

玄関で遊んでたら
寝落ちした親父(このあと、るるも寝た)。

親父が何をしてるのか
気になって仕方ない、るる。

「お父さん髪切ったよ」と
送られてきた写真。

るるの定位置。

「るるー」と呼ぶと
ひょっこり顔を出す。

テーブルの下で遊ぶるる。
その向こうには親父。

今日も仲良し。

帰りが遅かった親父に
るる、すねる。

定年前は想像もしなかった姿。

「のぼっちゃだめだよ」と
おろされる。

木漏れ日のなか。

「もうねんねしよ」と
ドアの前で親父待ち。

抱っこして、干し柿を
見せてあげる親父。

ふたりでサッカー観戦！

箱入り娘。

一緒に香箱座り。

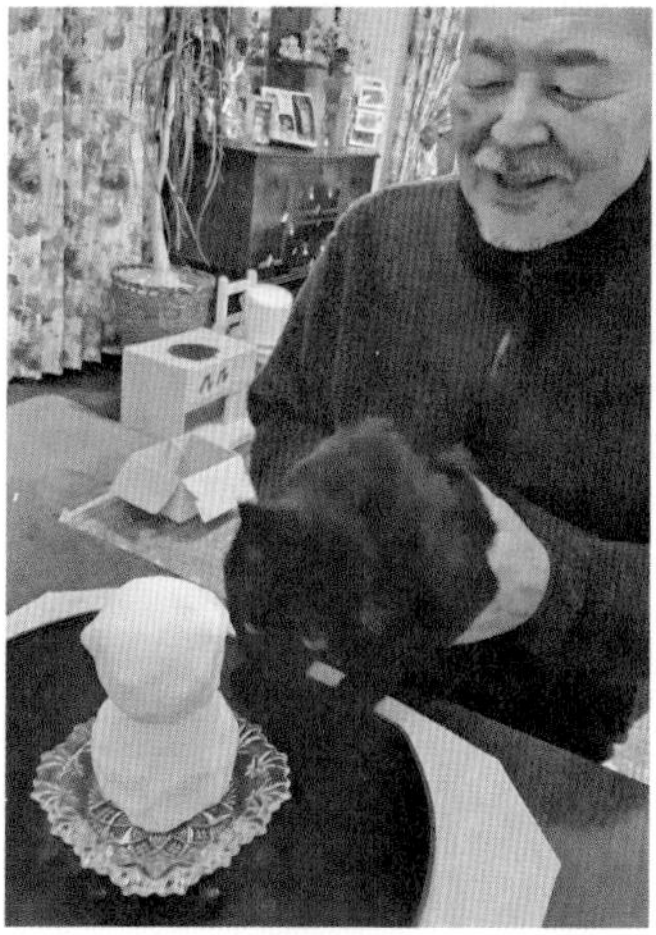

るるのために
親父が作った雪だるま。

お手々クロスが
るる流の寝方。

年賀状を書いてたら
視線が……。

るると2度目のクリスマス。

正月飾りをしまう前に写真をと言ったら、
わざわざ着替えてくる、相変わらず真面目な親父。

愛おしい気持ちが
ダダ漏れてます。

るるに会えて本当によかった
と話しながら寝落ち。

節分には昔から
やたら張りきる親父。

最近は絵にも挑戦！？

テーブルの下には幸せが。

るる、2歳！

おわりに

最初に「お父さまとるるちゃんの日々を本にしませんか」とお話をいただいたとき、正直、想像もしていなかったのでびっくりした。ほかの猫本はかわいらしい猫の写真であふれている。でもうちの親父とるるの場合、どうしても親父抜きというわけにはいかない。それに、ふたりの毎日はただひたすら穏やかで、たいした事件も起きなければ、ハプニングがあるわけでもない。そんなありふれた日常を書くだけでいいのだろうか……。

そう思っていたけれど最後まで書き終えた今、こんなふうにふたりの日々を1冊の本にまとめられてよかったなと思う。親父とるるの出会いからをたどりながら、「あのときはこうだったよね」と、家族と何度も電話で話したのもいい思い出だ。このあいだの年末年始にも、るるのことにとどまらず、子どものころを振り返ってみんなで懐かしがったり、親父や母から今まで聞いたことがなかったエピソードを聞けもした。

さっきも、母からは親父とるるの新しい写真が送られてきた。「るるがどこにもいない！」と探していたら「おったおった!!」と親父が嬉しそうにるるを抱えて戻ってきたという写真だ。今日も親父とるるは平和で、変わらず元気に過ごしている。

最後に——。

親父とるるの日常を楽しんでいただけましたでしょうか。家族や自身の定年後を不安に思っている方がいたら、この本を読んで、こういうことだってあるんだなと感じてもらえたら幸いです。そしてもしもどこかで親父を見かけたとしても、不器用で生真面目な親父ですので、声をかけずに優しく見守っていただけたら嬉しいです。

この本を手にとってくださったみなさまにお礼を言わせてください。
どうもありがとうございました。

2023年3月
Turi

Turi

“親父”の息子。
定年間近に子猫を保護した父親が、
その後猫ライフを満喫している様子を、
日々ＳＮＳで紹介。
各メディアでも取り上げられ話題に。
（Special Thanks to 編集の松下さん、SMILE）

書籍購入特典

左のQRコードより
スマートフォンの
待ち受け画像を
ダウンロードいただけます。

写真　Turiの母
編集協力　松崎祐子
ブックデザイン　albireo

親父と猫

定年後に待っていた猫ライフ

2023年4月25日発行 第1刷

著者　Turi
発行人　鈴木幸辰
発行所　株式会社ハーパーコリンズ・ジャパン
東京都千代田区大手町1-5-1
03-6269-2883（営業） 0570-008091（読者サービス係）
印刷・製本　公和印刷株式会社

ISBN978-4-596-77158-2